MATHEMATISCHE ANNALEN

BEGRÜNDET 1868 DURCH
ALFRED CLEBSCH UND CARL NEUMANN

FORTGEFÜHRT DURCH
FELIX KLEIN

UNTER MITWIRKUNG
VON
LUDWIG BIEBERBACH, HARALD BOHR, L. E. J. BROUWER,
RICHARD COURANT, WALTHER V. DYCK, OTTO HÖLDER,
THEODOR V. KÁRMÁN, ARNOLD SOMMERFELD

GEGENWÄRTIG HERAUSGEGEBEN
VON

DAVID HILBERT   ALBERT EINSTEIN
IN GÖTTINGEN   IN BERLIN

OTTO BLUMENTHAL   CONSTANTIN CARATHÉODORY
IN AACHEN   IN MÜNCHEN

Sonderabdruck aus Band 99, Heft 1/2.

Max Frommer

Die Integralkurven einer gewöhnlichen Differentialgleichung erster Ordnung in der Umgebung rationaler Unbestimmtheitsstellen.

Springer-Verlag Berlin Heidelberg GmbH
1928

An unsere Mitarbeiter!

Die Korrekturkosten sind bei den „Mathematischen Annalen" sehr hoch. Sie betragen nach einer Kalkulation 6% des Gestehungspreises eines Bandes. Für ihre Verminderung muß unbedingt Sorge getragen werden. Wir richten deshalb an alle unsere Mitarbeiter die freundliche dringende Bitte, zu diesem Ziele an ihrem Teile beitragen zu wollen. Dazu ist nötig:

1. Das Manuskript muß *völlig druckfertig* und *gut leserlich* sein (Schreibmaschine).

2. Veränderungen des Textes in der Korrektur sind auf die Fälle zu beschränken, wo sich nachträglich *wirkliche Irrtümer* herausstellen. Sollte ein Irrtum bemerkt werden, bevor noch Korrektur eingetroffen ist, dann ist ein verbesserter Text sofort an Herrn Blumenthal zu schicken, der dafür Sorge tragen wird, daß das Manuskript noch vor dem Satz berichtigt wird.

Insbesondere sind rein stilistische Verbesserungen zu unterlassen. Größere Änderungen und Zusätze, die sich nicht auf die Berichtigung von Irrtümern beschränken, bedürfen der Zustimmung des annehmenden Redakteurs und sollen, auch um der geschichtlichen Genauigkeit willen, in einer Fußnote als nachträglich gekennzeichnet und datiert werden.

Als Norm soll gelten, daß der Verfasser von jeder Arbeit *eine Fahnenkorrektur und eine Korrektur in Bogen* liest. Wir bitten unsere Verfasser, sich hiermit begnügen zu wollen.

Die Redaktion der Mathematischen Annalen.

Die **MATHEMATISCHEN ANNALEN** erscheinen zwanglos in Heften, die zu Bänden von rd. 50 Bogen vereinigt werden. Sie sind durch jede Buchhandlung sowie durch die Verlagsbuchhandlung zu beziehen. Die Mitglieder der Deutschen Mathematiker-Vereinigung haben Anspruch auf einen Vorzugspreis.

Die Verfasser erhalten von Abhandlungen bis zu 24 Seiten Umfang 100 Sonderabdrucke, von größeren Arbeiten 50 Sonderabdrucke kostenfrei, weitere gegen Berechnung.

Geschäftsführender Redakteur ist

O. Blumenthal, Aachen, Rütscherstraße 38.

Alle Korrektursendungen sind an ihn zu richten.

Für die „Mathematischen Annalen" bestimmte Manuskripte können bei jedem der unten verzeichneten Redaktionsmitglieder eingereicht werden:

L. Bieberbach, Berlin-Schmargendorf, Marienbaderstraße 9,
O. Blumenthal, Aachen, Rütscherstraße 38,
H. Bohr, Kopenhagen, St. Hans Torv 32,
L. E. J. Brouwer, Laren (Nordholland),
C. Carathéodory, München, Rauchstraße 8,
R. Courant, Göttingen, Wilhelm-Weberstr. 21,
W. v. Dyck, München, Hildegardstraße 5,
A. Einstein, Berlin-Wilmersdorf, Haberlandstraße 5,
D. Hilbert, Göttingen, Wilhelm-Weberstraße 29,
O. Hölder, Leipzig, Schenkendorfstraße 8,
Th. v. Kármán, Aachen, Technische Hochschule,
A. Sommerfeld, München, Leopoldstraße 87.

ISBN 978-3-662-40906-0   ISBN 978-3-662-41390-6 (eBook)
DOI 10.1007/978-3-662-41390-6

Die Integralkurven einer gewöhnlichen Differentialgleichung erster Ordnung in der Umgebung rationaler Unbestimmtheitsstellen.

Von

Max Frommer in Göppingen.

Inhalt.
                                                            Seite
Einleitung: Aufgabe und Methode 222
§ 1. Ausgezeichnete Richtungen; Einteilung 226
§ 2. Sondertypus 228
§ 3. Der definite Typus 234
§ 4. Die Behandlung des nicht-definiten Typus 236
§ 5. Die Umgebung einer einfachen, regulären ausgezeichneten Richtung 238
§ 6. Die Umgebung einer mehrfachen, regulären ausgezeichneten Richtung 241
§ 7. Die Umgebung einer singulären, ausgezeichneten Richtung 242
§ 8. Das Entscheidungsproblem 243
§ 9. Quantitative Auswertung der Methode 254
§ 10. Beispiele 265

Einleitung: Aufgabe und Methode.

Briot und Bouquet und vor allen Dingen Poincaré[1]) haben die Differentialgleichung

(1) $\quad y' = \dfrac{ax + by + \varphi(x,y)}{cx + dy + \psi(x,y)}; \quad \begin{vmatrix} a & b \\ c & d \end{vmatrix} \neq 0; \quad \varphi(0,0) = \psi(0,0) = 0$

in der Nähe des Urprungs untersucht. Dabei wurde vorausgesetzt, daß φ und ψ in Potenzreihen entwickelbar sind, deren niedrigste Glieder

---

[1]) Vgl. die in der Enzyklopädie II, A, 4a zitierten Arbeiten.

mindestens von zweiter Ordnung sein sollen. Für die Lösungen erhält man konvergente Reihen. Insbesondere hat Poincaré nachgewiesen, daß die Lösungen der Differentialgleichung

$$y' = \frac{\lambda y + \varphi(x,y)}{x + \psi(x,y)} \quad (\lambda \text{ nicht ganzzahlig und positiv})$$

Reihen sind, die nach Potenzen von x und x^λ fortschreiten. Aus diesen Entwicklungen wurde nachgewiesen, daß in der Nähe des Ursprungs die Gestalt der reellen Integralkurven einer solchen Differentialgleichung mit reellen Koeffizienten ähnlich ist der Gestalt der Integralkurven von

$$y' = \frac{ax + by}{cx + dy}$$

(mit Ausnahme der Fälle, die durch Koordinatentransformation auf den Fall $b = c = 0$, $a = -d$ zurückgeführt werden können).

Bendixson[2]) bestimmte die Gestalt der Integralkurven von Differentialgleichungen von der Form:

(1a) $$x^m y' = ax + by + \varphi(x,y)$$

und gab eine Methode an, die es ermöglicht, auch diese Integralkurven durch Reihen darzustellen. Er zeigte außerdem, daß man die Gleichung

(2) $$y' = \frac{P(x,y)}{Q(x,y)}; \quad P(0,0) = Q(0,0) = 0$$

auf solche Differentialgleichungen zurückführen kann, wenn man voraussetzt, daß P und Q in konvergente Potenzreihen entwickelbar sind.

Mit Hilfe dieser Methode können demnach die Integralkurven der Differentialgleichung (2) in der Nähe des Ursprungs sowohl qualitativ als auch quantitativ bestimmt werden dadurch, daß sie auf Gleichungen von der Form (1) und (1a) zurückgeführt wird. Da aber in (1) und (1a) $\varphi(x,y)$ und $\psi(x,y)$ als Potenzreihen vorausgesetzt sind, können nur die sogenannten Briot-Bouquetschen Transformationen $x = (a + b\eta)\xi$ und $y = (c + d\eta)\xi$ zur Reduktion verwendet werden. Dadurch wird diese Reduktion etwas unübersichtlich, zumal eine geometrische Veranschaulichung der vorgenommenen Transformationen fehlt und deshalb der Zusammenhang der Differentialgleichung (2) mit den daraus abgeleiteten Gleichungen von der Form (1) und (1a) kaum mehr erkennbar ist.

In der vorliegenden Arbeit war nun das Bestreben, zur Bestimmung der Gestalt der Integralkurven von (2) ein direktes geometrisches Verfahren anzugeben. Zum Nachweis, daß dieses Verfahren immer zum Ziele führt, braucht man aber allgemeinere Transformationen von der Form $y = u(x)x^\nu$ und $y = x^{\nu(x)}$. Es ist deshalb nötig, in den Differential-

---

[2]) Stockholmer Öfversigt 1898.

gleichungen (1) und (1a) die Voraussetzung, daß $\varphi(x, y)$ und $\psi(x, y)$ Potenzreihen sein sollen, fallen zu lassen.

Von dieser Voraussetzung machte sich auch Perron[3]) in einer Arbeit frei, in der er nachwies, daß die Gestalt der Integralkurven von (1) durch die linearen Glieder bestimmt ist, wenn nur

$$\lim_{\substack{x \to 0 \\ y \to 0}} \frac{\varphi(x, y)}{|x| + |y|} = \lim_{\substack{x \to 0 \\ y \to 0}} \frac{\psi(x, y)}{|x| + |y|} = 0$$

ist; in Spezialfällen aber nur dann, wenn ein $r_0 > 1$ existiert, so daß

$$\lim_{\substack{x \to 0 \\ y \to 0}} \frac{\varphi(x, y)}{|x|^{r_0} + |y|^{r_0}} = \lim_{\substack{x \to 0 \\ y \to 0}} \frac{\psi(x, y)}{|x|^{r_0} + |y|^{r_0}} = 0$$

ist. Die dabei verwandte Methode ist in der Hauptsache funktionentheoretischer Art.

Außerdem behandelte Kuhn[4]) die Differentialgleichung (1) unter der Voraussetzung, daß die beiden Grenzwerte $\lim_{\substack{x \to 0 \\ y \to 0}} \frac{\varphi(x, y)}{x^2 + y^2}$ und $\lim_{\substack{x \to 0 \\ y \to 0}} \frac{\psi(x, y)}{x^2 + y^2}$ endlich sind. In dieser Arbeit wird ein direktes geometrisches Verfahren zur Gewinnung der Gestalt der Integralkurven angewandt. Und zwar erhält man die allgemeinen Integralkurven durch Abschätzung (majorisierende und minorisierende Differentialgleichungen), die ausgezeichneten Integralkurven aber durch das Cauchysche Polygonverfahren.

In der vorliegenden Arbeit soll nun ein direktes Verfahren für die Differentialgleichung (2) ausgebaut werden. Es kommt aber nicht die von Kuhn gebrauchte Abschätzung zur Anwendung, sondern eine von Dehn vorgeschlagene „Methode der Randsingularitäten". Dabei betrachtet man im Richtungsfeld der Differentialgleichung eine aus differentiierbaren Kurvenstücken zusammengesetzte, geschlossene Kurve, die einen Bereich $\mathfrak{B}$ einschließt (Fig. 1).

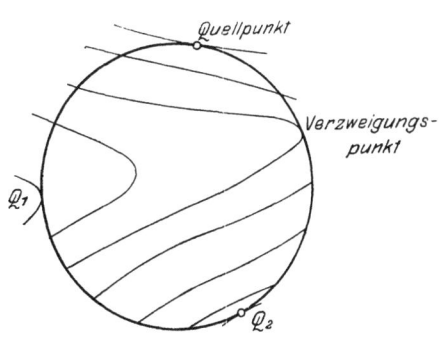

Fig. 1.

Liegt die Integralkurve durch einen Punkt Q des Randes in der Nähe dieses Punktes ganz außerhalb des Be-

---

[3]) O. Perron, Über die Gestalt der Integralkurven .... Math. Zeitschrift 15 (1922), 16 (1923).

[4]) P. Kuhn, Über die Gestalt der Integralkurven einer gewöhnlichen Differentialgleichung erster Ordnung in der Umgebung gewisser singulärer Punkte. Inauguraldissertation, Frankfurt a. M. 1923.

reiches $\mathfrak{B}$, so nennen wir Q einen Quellpunkt für diesen Bereich. Liegt die Integralkurve durch einen Punkt V in der Nähe von V ganz innerhalb des Bereiches $\mathfrak{B}$, so nennen wir diesen Punkt einen Verzweigungspunkt. Quellpunkte und Verzweigungspunkte nennen wir die Randsingularitäten für den Bereich. Ist die Anzahl dieser Randsingularitäten endlich, so kann man aus der gegenseitigen Anordnung der Quell- und Verzweigungspunkte Schlüsse auf den Verlauf der Integralkurven im Innern des Bereiches ziehen. Mit wenigen Ausnahmen (vgl. § 2) werden daher alle Integralkurven aus den Eigenschaften des Feldes der Differentialgleichung und den allgemeinen Eigenschaften der Integralkurven, mit anderen Worten also mit Hilfe der Polygonmethode erhalten. Deshalb ist es nicht nötig, $P(x, y)$ und $Q(x, y)$ als Potenzreihen vorauszusetzen. Es genügt zu wissen, daß es um den Ursprung herum einen Bereich $\mathfrak{B}$ gibt, in welchem P und Q „algebroid" sind. Darunter soll verstanden werden, daß in $\mathfrak{B}$ P und Q eindeutig und stetig und vom Ursprung aus durch Polynome approximierbar sind, und daß außerdem jede Gerade, die nicht durch den Ursprung geht, in $\mathfrak{B}$ mit $P = 0$ bzw. $Q = 0$ nur eine endliche Anzahl von Schnittpunkten hat. Die Approximation durch die Polynome muß so sein, daß die Zusatzfunktionen gegenüber den Gliedern höchster Ordnung der Polynome noch klein sind; d. h. wenn

$$P(x, y) = \sum_{i+k \leq m} a_{ik} x^i y^k + \varphi(x, y),$$
$$Q(x, y) = \sum_{i+k \leq n} b_{ik} x^i y^k + \psi(x, y)$$

ist, so muß sein:

$$\lim_{\substack{x \to 0 \\ y \to 0}} \frac{\varphi(x, y)}{|x|^m + |y|^m} = \lim_{\substack{x \to 0 \\ y \to 0}} \frac{\psi(x, y)}{|x|^n + |y|^n} = 0.$$

Im allgemeinen genügt es, P und Q durch homogene Polynome P_m und Q_n zu approximieren; es wird sich zeigen, daß die Gestalt der Integralkurven durch die homogenen Polynome bestimmt ist, sobald nur φ und ψ den obigen Bedingungen genügen. In Spezialfällen muß zum Teil über die Zusatzfunktionen φ und ψ, zum Teil über die Approximationspolynome mehr vorausgesetzt werden, um auch hier Bestimmtes über die Gestalt der Integralkurven aussagen zu können.

Außerdem wird vorausgesetzt, daß im Bereich $\mathfrak{B}$ der Ursprung der einzige Schnittpunkt der Kurven $P(x, y) = 0$ und $Q(x, y) = 0$ ist. Schließt man demnach den Ursprung durch einen beliebig kleinen Kreis K aus $\mathfrak{B}$ aus, so entsteht ein Bereich $\mathfrak{B}'$ mit nur regulären Punkten der Differentialgleichung. Von einem Punkt von $\mathfrak{B}'$ aus kann also eine Integralkurve mit Hilfe des Cauchyschen Polygonverfahrens so lange fortgesetzt werden, als sie im Bereich $\mathfrak{B}'$ bleibt. Ein innerer Punkt von $\mathfrak{B}'$

kann also nicht letzter Punkt einer Integralkurve sein. Die Integralkurve mündet dann in die singuläre Stelle ein, wenn mit Hilfe des Polygonverfahrens festgestellt werden kann, daß sie mit jedem noch so kleinen Kreis um den Ursprung Punkte gemeinsam hat.

Während nun Bendixson die Differentialgleichung (2) auf „Normaldifferentialgleichungen" zurückführt, wird hier die Umgebung der singulären Stelle vom Ursprung aus in „Normalbereiche", deren Überdeckung mit Integralkurven bekannt ist, eingeteilt. Natürlich werden sich in den komplizierten Fällen die Grenzen dieser Bereiche den Integralkurven anschmiegen, so daß diese Untersuchungen gleichzeitig das Verhalten der höheren Differentialquotienten der Integralkurven in der Nähe der singulären Stelle klarlegen. Deshalb ist auch der letzte Abschnitt dieser Arbeit der quantitativen Bestimmung der Integralkurven gewidmet. Es wird darin gezeigt, wie die Ergebnisse der Untersuchungen von Poincaré und Bendixson ganz natürlich aus dieser qualitativen Methode hervorgehen. Dabei tritt auch die Verwandtschaft dieser geometrischen Methode mit der analytischen Methode von Bendixson klar zutage.

Das Hauptziel der vorliegenden Untersuchungen ist aber nicht die quantitative Bestimmung der Integralkurven, die schon in ganz einfachen Beispielen auf komplizierte und unübersichtliche Rechnungen führen kann, sondern die Bestimmung der gestaltlichen Verhältnisse in der Umgebung der singulären Stelle. Nun sind die, unter noch allgemeineren Voraussetzungen topologisch möglichen Überdeckungen bzw. ihre topologisch invarianten Bestandteile von Brouwer[5]) bestimmt worden. Es handelt sich also hier darum, festzustellen, ob Brouwers „erster" oder „zweiter Hauptfall" vorliegt und welches im ersten Fall die Anordnung der „elliptischen", „parabolischen" und „hyperbolischen" Sektoren ist. Diese Sektoren sind nicht identisch mit den oben erwähnten „Normalbereichen", lassen sich aber aus denselben zusammensetzen.

(Über die früheren Arbeiten berichtet Painlevé in der Enzyklopädie II, A, 4a, und auch Bieberbach in der „Theorie der Differentialgleichungen".)

§ 1.
Ausgezeichnete Richtungen; Einteilung.

Es wird sich im folgenden ergeben, daß die Integralkurven, die in die singuläre Stelle einmünden, entweder Spiralen sind oder im Ursprung eine bestimmte Tangente besitzen. Wir fragen also: Gibt es stetig diffe-

---

[5]) L. E. J. Brouwer, „On continuous vector distributions on surfaces". Proceedings of the Koninklijke Akademie van Wetenschapen te Amsterdam, 1909/10.

rentiierbare Funktionen $x = x(t)$, $y = y(t)$, die in der Umgebung des Ursprungs Lösungen von (2) sind und die außerdem die Eigenschaft haben, daß für einen Parameterwert z. B. $t = 0$, $x(0) = 0$ und $y(0) = 0$ ist. Bezeichnet man

$$x'(0) = \frac{dx}{dt}\bigg|_{t=0} \text{ mit } p, \quad y'(0) = \frac{dy}{dt}\bigg|_{t=0} \text{ mit } q,$$

so sollen p und q nicht gleichzeitig Null sein. Da die Funktionen der Differentialgleichung

$$\frac{dy}{dx} = \frac{P(x,y)}{Q(x,y)} = \frac{P_m(x,y) + \varphi(x,y)}{Q_n(x,y) + \psi(x,y)};$$

$$P_m = \sum_{i+k=m} a_{ik} x^i y^k, \quad Q_n = \sum_{i+k=n} b_{ik} x^i y^k$$

genügen, ist

$$\frac{y'(t)}{x'(t)} = \frac{P(x(t), y(t))}{Q(x(t), y(t))} = \frac{P_m(x(t), y(t)) + \varphi(x(t), y(t))}{Q_n(x(t), y(t)) + \psi(x(t), y(t))}$$

oder

$$y'(t)(Q_n + \psi) = x'(t)(P_m + \varphi),$$

$$y'\left(\frac{1}{t^n} Q_n + \frac{|x|^n + |y|^n}{t^n} \cdot \frac{\psi}{|x|^n + |y|^n}\right)$$
$$= x'\left(\frac{1}{t^m} P_m + \frac{|x|^m + |y|^m}{t^m} \cdot \frac{\varphi}{|x|^m + |y|^m}\right) \cdot t^{m-n}.$$

Für $t \to 0$ ist

$$\lim \frac{1}{t^n} Q_n = \lim \sum_{i+k=n} b_{ik} \frac{x^i}{t^i} \frac{y^k}{t^k} = \sum_{i+k=n} b_{ik} p^i q^k = Q_n(p, q),$$

$$\lim \frac{1}{t^m} P_m = \lim \sum_{i+k=m} a_{ik} \frac{x^i}{t^i} \frac{y^k}{t^k} = \sum_{i+k=m} a_{ik} p^i q^k = P_m(p, q);$$

ferner nach Voraussetzung:

$$\lim \frac{\psi(x,y)}{|x|^n + |y|^n} = \lim \frac{\varphi(x,y)}{|x|^m + |y|^m} = 0.$$

Läßt man also in der obigen Gleichung t gegen Null gehen, so erhält man eine Gleichung zur Bestimmung von $\frac{q}{p}$, d. h. derjenigen Richtungen, längs derer Integralkurven in die singuläre Stelle einmünden können. Diese Richtungen werden ausgezeichnete Richtungen genannt; ihre Bestimmungsgleichung, $G(p, q) = 0$, charakteristische Gleichung.

Wir haben drei Fälle zu unterscheiden:

(3) $\quad m > n, \quad G(p, q) \equiv q Q_n(p, q) = 0,$

(4) $\quad m < n, \quad G(p, q) \equiv p P_m(p, q) = 0,$

(5) $\quad m = n, \quad G(p, q) \equiv q Q_n(p, q) - p P_n(p, q) = 0.$

Setzt man $\frac{y}{x} = u$, und bildet die Funktion

$$\psi(u, x) = \frac{P(x, ux)}{Q(x, ux)} - u \quad \text{(Feldrichtung — Richtung der Ursprungsgeraden)},$$

so sieht man ohne weiteres, daß der Zähler von $\psi(u, 0)$ identisch ist mit der Funktion $G(1, u)$. Die ausgezeichneten Richtungen sind also diejenigen Richtungen, auf denen in der Nähe des Ursprungs die Feldrichtung mit der Ursprungsgeraden zusammenfällt.

Ist $m \neq n$, dann ist $G(p, q)$ ein homogenes Polynom $(n+1)$-ten bzw. $(m+1)$-ten Grades. Es gibt also im allgemeinen nur endlich viele ausgezeichnete Richtungen, und zwar höchstens $(n+1)$ bzw. $(m+1)$. Nur im Falle $m = n$ kann $G(p, q)$ identisch verschwinden, wenn nämlich

$$q\, Q_n(p, q) \equiv p\, P_n(p, q)$$

ist. Dies ist der Fall, wenn

$$a_{n0} = b_{0n} = 0; \quad a_{n-1,1} = b_{n0}, \ldots, a_{n-i,i} = b_{n-i+1,i-1}$$

ist.

Je nach der Beschaffenheit der charakteristischen Gleichung werden im folgenden drei Typen unterschieden:

1. Sondertypus: $G(p, q) \equiv 0$.

2. Definiter Typus: $G(p, q)$ definit; keine (reellen) ausgezeichneten Richtungen.

3. Nichtdefiniter Typus: $G(p, q)$ indefinit; es gibt eine bestimmte, endliche Anzahl von (reellen) ausgezeichneten Richtungen.

Wie man aus der Form von $G(p, q)$ leicht erkennt, kann auch der zweite Typus nur im Falle $m = n$ auftreten.

§ 2.
Sondertypus.

Zur Behandlung des Sondertypus wird zunächst keine geometrische Methode angewandt; in diesem Fall gehe man in die Differentialgleichung (2) ein mit der Briot-Bouquetschen Transformation $y = ux$. Dadurch erhält man:

$$u'x + u = \frac{P(x, ux)}{Q(x, ux)} = \frac{P_n(x, ux) + \varphi(x, ux)}{Q_n(x, ux) + \psi(x, ux)},$$

$$u' = \frac{P_n - u Q_n + \varphi - u\psi}{x(Q_n + \psi)}.$$

Nun ist in unserm Fall:

$$P_n - u Q_n \equiv 0,$$

also

$$u' = \frac{\varphi - u\psi}{x(Q_n + \psi)}.$$

Ferner sind nach Voraussetzung die Funktionen:

$$\Phi(x, u) = \frac{\varphi(x, ux)}{x^n} \quad \text{und} \quad \Psi(x, u) = \frac{\varphi(x, ux)}{x^n}$$

für $x = 0$ stetig. Also ist:

(6) $$u' = \frac{\Phi(x, u) - u\Psi(x, u)}{x\left(\frac{Q_n(x, ux)}{x^n} + \Psi(x, u)\right)} = \frac{\Phi(x, u) - u\Psi(x, u)}{x(\Pi(u) + \Psi(x, u))}.$$

Da $b_{0n} = 0$ ist, ist

$$\frac{Q_n(x, ux)}{x^n} = b_{n0} + b_{n-1,1} u + \cdots + b_{1, n-1} u^{n-1} = \Pi(u)$$

ein Polynom von höchstens $(n-1)$-tem Grad in u.

Setzt man über Φ und Ψ nicht mehr voraus, als daß sie für $x = 0$ verschwinden, so kann man keine allgemeinen Schlüsse über die Gestalt der Integralkurven ziehen. Ich will zunächst voraussetzen, daß Φ und Ψ den Faktor x enthalten, Es ist also:

$$\Phi(x, u) = xF(x, u); \quad \Psi(x, u) = xG(x, u),$$

wobei $F(0, u)$ und $G(0, u)$ stetige und beschränkte Funktionen von u seien. Die Differentialgleichung (6) nimmt dann die Form:

(7) $$u' = \frac{F(x, u) - uG(x, u)}{\Pi(u) + xG(x, u)}$$

an. Für $x = 0$ verschwindet der Nenner dieses Bruches nur an den Stellen, an denen $\Pi(u) = 0$ ist, also an höchstens $(n-1)$ Punkten. Jeder andere Punkt der u-Achse ist ein regulärer Punkt der Differentialgleichung, bestimmt also eindeutig eine Integralkurve. In der (xy)-Ebene mündet also längs jeder regulären Richtung eine und nur eine Integralkurve in die singuläre Stelle ein. Dabei werden als singuläre Richtungen diejenigen bezeichnet, deren Richtungskoeffizienten u_i die Gleichung $\Pi(u) = 0$ befriedigen.

Um die Verhältnisse in der Nähe der y-Achse zu untersuchen, wende man auf die Differentialgleichung die Transformation $x = vy$ an und verfahre entsprechend.

Um zu sehen, wie sich die Integralkurven in der Nähe der singulären Richtungen verhalten, betrachte man die entsprechenden Singularitäten in der (x, u)-Ebene. An einer solchen Stelle verschwindet der Nenner von (7). Verschwindet der Zähler nicht zugleich, so geht durch diesen Punkt eine Integralkurve, die dort die u-Achse zur Tangente hat. Durchsetzt diese Integralkurve die u-Achse gleichzeitig, so mündet in der (x, y)-Ebene längs dieser Richtung ebenfalls nur eine Integralkurve ein. Bleibt aber diese Integralkurve zunächst in einer Halbebene, z. B. $x \gtreqless 0$, so ist in der (x, y)-Ebene diese singuläre Richtung für $x \geqq 0$ Rückkehrtangente einer Integralkurve, während für $x \leqq 0$ keine Integralkurve längs dieser Richtung einmündet.

Wenn aber in einem solchen Punkt Zähler und Nenner gleichzeitig verschwinden, so haben wir hier eine neue Unbestimmtheitsstelle. Diese gehört entweder zu den später zu behandelnden Typen oder wiederum zum Sondertypus. In diesem Fall kommen aber, da

$$\Pi(u) = (u - u_i)^k \Pi_1(u); \qquad \Pi_1(u_i) \neq 0$$

ist, im Nenner Glieder von der Ordnung $k \leqq n - 1$ vor. Wenn man demnach durch die Briot-Bouquetschen Transformationen immer wieder auf den Sondertypus geführt wird, so kommt man nach endlich vielen Schritten zu einer Differentialgleichung, die auf der Ordinatenachse nur reguläre Punkte enthält. Damit ist der Sondertypus erledigt, bzw. auf später zu behandelnde Probleme zurückgeführt.

Es wurde allerdings bis jetzt vorausgesetzt, daß die Funktionen Φ und Ψ den Faktor x enthalten. Ich werde im folgenden nun zeigen, daß man topologisch dasselbe Kurvenbild erhält, wenn man nur voraussetzt, daß eine Zahl $r > 0$ existiert, so daß

$$\Phi(x, u) = ||x|^r| F(x, u),\text{[6]}$$
$$\Psi(x, u) = x^r G(x, u)$$

ist und $F(0, u)$ bzw. $G(0, u)$ stetige und beschränkte Funktionen von u sind. Die Differentialgleichung (6) erhält dann die Form:

$$(8) \qquad u' = \frac{F(x, u) - u G(x, u)}{x^{1-r}(\Pi(u) + x^r G(x, u))} = \frac{Z(x, u)}{x^{1-r} N(x, u)}.$$

Der Fall $r \geqq 1$ ist erledigt; ist $r < 1$, so ist die u-Achse Integralkurve, aber in ihrer Umgebung ist die Lipschitzsche Bedingung in bezug auf keine Variable befriedigt. In Anlehnung an das Vorhergehende werden die Punkte $(0, u_i)$, für die $\Pi(u_i) = 0$ ist, als singuläre Punkte der u-Achse, alle andern als reguläre Punkte bezeichnet. Ich werde nun, und zwar mit Hilfe der Methode der Randsingularitäten zeigen, daß durch jeden regulären Punkt $(0, u_0)$ außer dem singulärem Integral noch ein reguläres Integral hindurchgeht, in der (x, y)-Ebene also längs jeder regulären Richtung eine und nur eine Integralkurve in die singuläre Stelle einmündet.

Da $\Pi(u_0) \neq$ ist, gibt es um den Punkt $(0, u_0)$ einen konvexen Bereich $\mathfrak{B}$, in dem

$$|u'| < \frac{M}{x^{1-r}}$$

---

[6]) Im folgenden soll unter x^r immer $|x|^r$ verstanden werden.

ist. Die beiden Parabeln (siehe Fig. 2):

$$u_1(x) = u_0 + \frac{M}{r} x^r \quad \text{und} \quad u_2(x) = u_0 - \frac{M}{r} x^r$$

begrenzen also mit einer passenden Geraden $x = \delta$ einen Bereich S:

$$u_1 \geq u \geq u_2, \quad 0 \leq x \leq \delta,$$

der ganz in $\mathfrak{B}$ liegt und auf seinem Rande nur in den Punkten $A(\delta, u_1(\delta))$ und $B(\delta, u_2(\delta))$ Randsingularitäten und zwar Quellpunkte besitzt. Betrachtet man nun die Integralkurve durch einen Punkt $X_1(x_1, u_1(x_1))$ bzw. $X_2(x_2, u_2(x_2))$, so wissen wir, da diese Integralkurve in S eine eindeutige Funktion von x ist, daß sie im Bereich S nur zu solchen Punkten gelangen kann, deren Abszisse größer ist als die Abszisse x_1 bzw. x_2 des Eintrittspunktes. Es ist also nicht möglich, daß die Integralkurve durch X_1 den Bereich S in X_2 verläßt, weil sonst sowohl $x_1 > x_2$, als auch $x_2 < x_1$ sein müßte. Also verlassen die Integralkurven durch X_1 und X_2 den Bereich S in Punkten Y_1 und Y_2 von AB. Bewegt sich X_1 auf u_1 von A gegen P, so bewegt sich Y_1 auf AB von A gegen B, ohne den Punkt B zu erreichen. Also ist ein Punkt Y bestimmt durch:

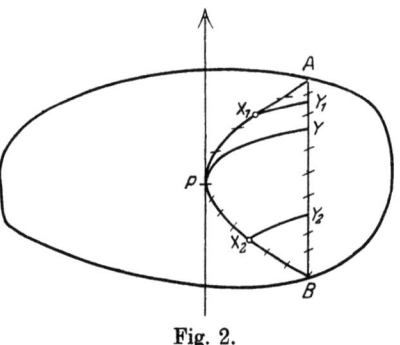

Fig. 2.

$$Y = \lim_{X_1 \to P} Y_1.$$

Die Integralkurve durch Y geht durch den Punkt P und berührt dort die u-Achse. Es ist zu zeigen, daß dies die einzige Integralkurve durch P ist. Aus der obigen Abschätzung von $|u'|$ geht hervor, daß jedes reguläre Integral durch P im Bereich S verlaufen muß. Nun bilde man durch die Transformation $u - u_0 = v x^r$ den Bereich S auf ein Rechteck der (x, v)-Ebene ab. Durch diese Transformation geht die Differentialgleichung (8) über in:

$$v' x^r + v r x^{r-1} = \frac{Z(x, u)}{N(x, u)} x^{r-1}$$

$$v' x = \frac{Z(x, u)}{N(x, u)} - r v = f(x, v).$$

Die Integralkurve PY habe die Gleichung $v = v(x)$, eine benachbarte die Gleichung $v = \bar{v}(x)$. Dann ist:

232 M. Frommer.

$$v'x = f(x, v)$$
$$\bar{v}'x = f(x, \bar{v}).$$

Also
$$(v - \bar{v})'x = f(x, v) - f(x, \bar{v}) = (v - \bar{v})\frac{\partial f}{\partial v}(x, \bar{v})$$

v zwischen v und $\bar{v}$.

Nun ist:
$$\frac{\partial f}{\partial v} = \frac{\partial}{\partial u}\left(\frac{Z(x, u)}{N(x, u)}\right)x^r - r,$$

also:
$$\frac{\partial f}{\partial v}(0, v) = -r.$$

Demnach gibt es einen Bereich $0 \leq x \leq \delta_1$, in welchem

$$\frac{\partial f}{\partial v}(x, v) < -\varrho; \quad \varrho > 0$$

ist. Also ist in diesem Bereich:

$$\frac{w'}{w} = \frac{(v - \bar{v})'}{v - \bar{v}} < -\frac{\varrho}{x}$$
$$w(x) = v(x) - \bar{v}(x).$$

Nun sind von der Kurvenschar

$$\frac{w'}{w} = -\frac{\varrho}{x}$$

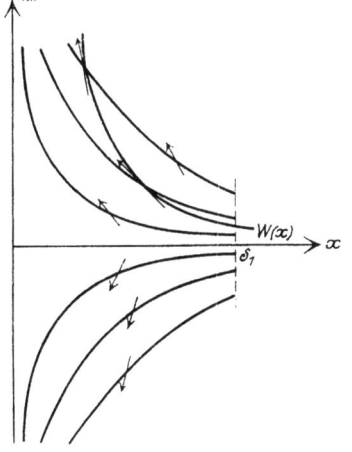

Fig. 3.

die Geraden $w = 0$ und $x = 0$ die einzigen Integralkurven durch den Punkt $(0, 0)$, während alle anderen asymptotisch an diese Geraden herangehen. Deshalb ist auch

$$\left|\lim_{x \to 0} w(x)\right| = \infty, \quad \text{wenn} \quad w(\delta_1) \neq 0 \quad \text{ist.}$$

Das heißt aber für die (x, u)-Ebene, daß alle Kurven durch die Nachbarpunkte von Y, die nicht auf PY liegen, den Bereich S verlassen, also nicht durch P gehen. PY ist also das einzige reguläre Integral durch P. Also mündet in der (x, y)-Ebene längs jeder regulären Richtung durch den Ursprung eine und nur eine Integralkurve in die singuläre Stelle ein. Singuläre Richtungen kommen nur in endlicher Anzahl vor. Die Integralkurven in ihrer Umgebung erhält man durch das Studium der betreffenden Singularitäten der (u, x)-Ebene. Da $r < 1$ ist, kann in diesem Fall der Sondertypus nicht auftreten, weil die charakteristische Gleichung nicht identisch verschwindet. Längs dieser Richtungen münden entweder keine, endlich viele oder unendlich viele Integralkurven in die singuläre Stelle ein. Um dieses Kurvenbild zu erhalten, haben wir als hinreichende Bedingungen erkannt:

1. Die charakteristische Gleichung muß identisch befriedigt sein.

2. Die Zusatzfunktionen müssen klein werden wie eine Potenz von x, deren Exponent höher ist als der Grad des homogenen Approximationspolynoms.

Perron[3]) hat an einem Beispiel, das wir sogleich angeben werden, gezeigt, daß die erste Bedingung ohne die zweite nicht ausreichend ist, dieses Kurvenbild zu erzwingen.

Beispiele.

1. Beispiel ohne eine singuläre Richtung:
$$y' = \frac{y + \varphi(x,y)}{x + \psi(x,y)}.$$

Längs jeder Ursprungsgeraden mündet eine und nur eine Integralkurve in die singuläre Stelle ein, wenn
$$\lim_{\substack{x \to 0 \\ y \to 0}} \frac{\varphi(x,y)}{x^r + y^r} = \lim_{\substack{x \to 0 \\ y \to 0}} \frac{\psi(x,y)}{x^r + y^r} = 0$$
und $r > 1$ ist. Bei dem Beispiel von O. Perron
$$y' = \frac{y + \dfrac{2x}{\lg(x^2 + y^2)}}{x - \dfrac{2y}{\lg(x^2 + y^2)}}$$
ist $r = 1$; die Integralkurven sind Spiralen, die sich asymptotisch dem Ursprung nähern.

2. Beispiel mit einer singulären Richtung, längs der keine Integralkurve in den Ursprung einmündet:
$$y' = \frac{y^2 - x^4}{xy}.$$
Durch die Briot-Bouquetsche Transformation erhält man:
$$u' = \frac{-x}{u}$$
$$x^2 + u^2 = c^2:$$
sich auf einen Punkt zusammenziehende, lemniskatenartige Kurven 4. Grades, deren Achse die x-Achse ist. In der Richtung der Achse mündet keine Kurve in den Ursprung ein.

3. Beispiel mit einer singulären Richtung, längs der zwei Integralkurven in den Ursprung einmünden:
$$y' = \frac{y^2 + x^4}{xy}$$
$$u' = \frac{x}{u}$$
$$x^2 - u^2 = c:$$
längs der x-Achse münden zwei Parabeln in die singuläre Stelle ein.

4. Beispiel mit einer singulären Richtung, längs der unendlich viele Integralkurven in den Ursprung einmünden (Fig. 4):

$$y' = \frac{y^2 - 6x^2y + x^4}{xy - 3x^3}$$

$$u' = \frac{3u - x}{-u + 3x}.$$

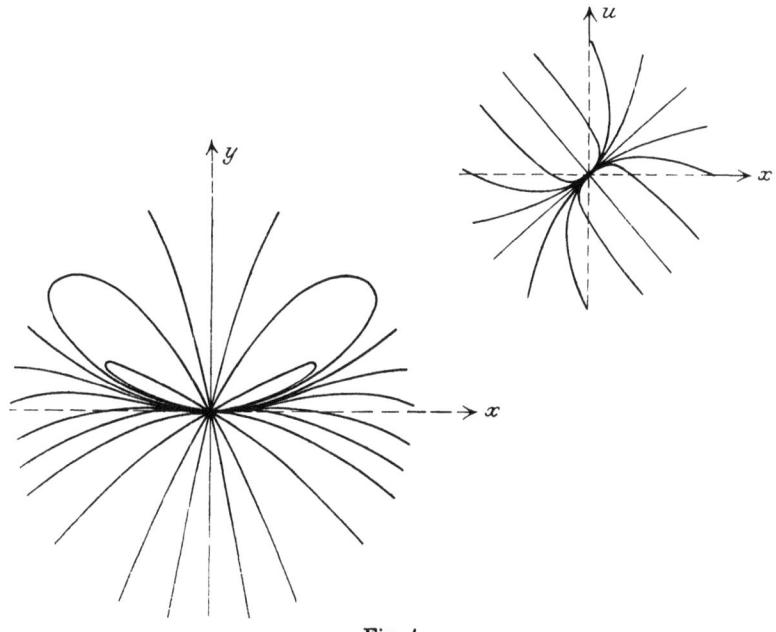

Fig. 4.

§ 3.

Der definite Typus.

Beim definiten Typus gibt es um den Ursprung einen Kreis, in dem die Feldrichtung nie mit der Ursprungsgeraden durch diesen Punkt zusammenfällt; im Innern dieses Kreises sind also die Integralkurven eindeutige Funktionen des Winkels φ der Ursprungsgeraden gegen die x-Achse[7]). Führt man Polarkoordinaten ein, so geht der Kreis der (x, y)-Ebene über in ein Rechteck $ABCD$ der (r, φ)-Ebene. Diesen Bereich teile man durch die Geraden $r = \frac{1}{n}$ $(n = 1, 2, 3, \ldots)$ in verschiedene Bereiche. Trennt man die Strecke AB $(r = 0)$ durch irgendeine dieser Geraden vom Rechteck $ABCD$ ab, so entsteht ein Bereich

---

[7]) Der analytische Beweis dieses Satzes bietet keine Schwierigkeiten und ist deshalb hier weggelassen.

$$\frac{1}{n} \leq r \leq [r_0]; \quad 0 \leq \varphi \leq 2\pi,$$

in welchem nach dem Polygonverfahren die Integralkurve vollständig konstruiert werden kann.

Ich werde nun zeigen, daß die Integralkurve durch einen Punkt $X_0(r_0, 0)$ das Rechteck $ABCD$ in einem Punkt Y_0 von BC oder CD verlassen muß. Trennt man nämlich durch die Grade $r = \frac{1}{n_0} AB$ vom Rechteck ab, so kann die Integralkurve durch X_0 verfolgt werden bis zu ihrem Austritt aus dem neuen Bereich. Geschieht dies in einem Punkt Y von BC oder CD, so ist der Beweis erbracht. Andernfalls geschieht es in einem Punkt $P_0\left(\frac{1}{n_0}, \varphi_0\right)$. Dann trenne man AB durch die nächste Gerade $r = \frac{1}{n_0+1}$ ab und mache dieselbe Fallunterscheidung. Entweder ist nun der ausgesprochene Satz richtig, oder man erhält auf jeder Geraden $\frac{1}{n_0+\nu}$ einen

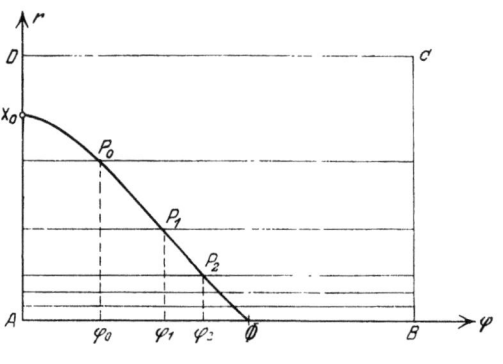

Fig. 5.

Punkt $P_\nu\left(\frac{1}{n_0+\nu}, \varphi_\nu\right)$. Die Argumente φ_ν bilden dann eine monoton wachsende Folge, die nach oben beschränkt ist, also einen bestimmten Grenzwert Φ besitzt. Diese Integralkurve würde also durch den Punkt $(0, \Phi)$ stetig ergänzt; in der (x, y)-Ebene hätte also diese Kurve im Ursprung eine bestimmte Tangentenrichtung tg Φ, was wider die Voraussetzung ist.

Die Integralkurve durch den Punkt $X_0(r_0, 0)$ verläßt also den Bereich $ABCD$ in einem Punkt Y_1 von BC oder CD. Liegt Y_1 auf BC, so ist er identisch mit einem Punkt X_1 auf AD. Die Integralkurve durch $X_1(r_1, 0)$ bestimmt vielleicht auf BC einen neuen Punkt

$$Y_2(r_2, 2\pi) \equiv X_2(r_2, 0)$$

usw. Ebenso ist

$$X_0(r_0, 0) \equiv Y_0(r_0, 2\pi).$$

Die Integralkurve durch Y_0 bestimmt eventuell auf AD den Punkt

$$X_{-1}(r_{-1}, 0) \equiv Y_{-1}(r_{-1}, 2\pi)$$

usw. Zu jedem Punkt $X_0(r_0, 0)$ gehört also eine unendliche Folge von Punkten $X_\nu(r_\nu, 0)$, wobei die r_ν eine monotone Folge bilden. Sind zwei r_ν einer Folge einander gleich, so sind notwendigerweise alle gleich; sind zwei voneinander verschieden, so sind notwendigerweise auch alle voneinander verschieden. Es kann demnach in der (x, y)-Ebene geschlossene Integralkurven geben, die den Ursprung einschließen; alle andern winden sich unendlich oft um die singuläre Stelle herum. Es können also folgende Fälle eintreten:

1. Alle Integralkurven sind geschlossen (Wirbel).

Beispiel: $y' = -\dfrac{x}{y}$ (konzentrische Kreise).

2. In hinreichender Nähe des Ursprungs gibt es keine geschlossenen Integralkurven; diese sind Spiralen und nähern sich asymptotisch dem Ursprung (Strudel).

Beispiel: $y' = \dfrac{x+y}{x-y}$ (logarithmische Spiralen).

3. In beliebiger Nähe des Ursprungs gibt es noch geschlossene Kurven, denen sich andere asymptotisch nähern. (Strudel mit Grenzzyklen.)

Beispiel[8]): $y' = \dfrac{x + y\,(x^2+y^2)\sin\dfrac{1}{x^2+y^2}}{-y + x\,(x^2+y^2)\sin\dfrac{1}{x^2+y^2}}$ oder in Polarkoordinaten: $\dfrac{dr}{d\varphi} = r^3 \sin\dfrac{1}{r^2}$.

Als Grenzzyklen treten auf die Kreise $r = \sqrt{\dfrac{1}{k\pi}}$.

Dabei nähern sich die Spiralen von innen und von außen den Kreisen mit ungeradem k im Sinne des Uhrzeigers, den Kreisen mit geradem k im entgegengesetzten.

Diese drei Fälle sind die einzigen topologischen Möglichkeiten, die beim definiten Typus und, wie sich später ergeben wird, in jedem Fall, bei dem keine Integralkurve mit bestimmter Tangentenrichtung in die singuläre Stelle einmündet (Brouwers „zweiter Hauptfall"), vorkommen können. Es gibt jedoch keine allgemeine Methode, die es ermöglicht, bei einer vorgegebenen Differentialgleichung zu entscheiden, welcher der drei Fälle vorliegt. Im folgenden wird gezeigt werden, daß die Entscheidung zwischen den topologischen Möglichkeiten immer getroffen werden kann, sobald es Integralkurven gibt, die mit bestimmter Tangentenrichtung in die singuläre Stelle einmünden (Brouwers „erster Hauptfall").

§ 4.
Die Behandlung des nicht-definiten Typus.

Beim nicht-definiten Typus kommt eine endliche Anzahl von ausgezeichneten Richtungen vor, längs welchen ihrer Bestimmung nach Integralkurven in die singuläre Stelle einmünden können. Anstatt nun die

---

[8]) Siehe Bieberbach, Differentialgleichungen.

ganze Umgebung der singulären Stelle auf einmal zu betrachten, teile ich diesen Bereich durch passende Ursprungsgeraden in verschiedene sektorförmige Teilbereiche ein, die entweder eine oder keine ausgezeichnete Richtung enthalten.

Ist $A_1 O A$ ein Bereich ohne eine ausgezeichnete Richtung, so geht die Integralkurve durch einen Punkt P auf OA in genügender Nähe von O durch einen Punkt Q von OA_1 und umgekehrt. Der Beweis ist dem im § 3 vollständig analog (dem Sektor $A_1 O A$ entspricht dort die ganze Umgebung der singulären Stelle). Diese Bereiche sind demnach regulär mit Integralkurven überdeckt. Die Gestalt der Integralkurven in der Nähe der singulären Stelle ist also im wesentlichen bestimmt durch ihr Verhalten in den, die ausgezeichneten Richtungen umgebenden Bereichen.

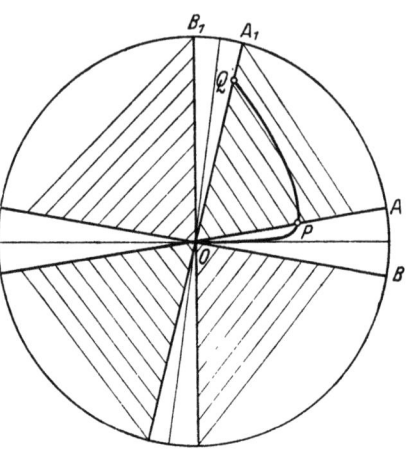

Fig. 6.

Weiterhin ist klar, daß eine Integralkurve durch den Punkt P, von der ich nachweisen kann, daß sie in dem, eine ausgezeichnete Richtung einschließenden Sektor AOB in die singuläre Stelle einmündet, dort diese ausgezeichnete Richtung berühren muß. Denn wählt man anstatt des Sektors AOB einen anderen Sektor $A'OB'$ mit kleinerem Öffnungswinkel, der die ausgezeichnete Richtung ebenfalls einschließt, so wissen wir, daß in hinreichender Nähe des Ursprungs diese Integralkurve in diesem Sektor verlaufen muß, denn nur in diesem Sektor kann eine Integralkurve, die im Sektor AOB bleibt, in den Ursprung einmünden. Die Integralkurve bleibt also in hinreichender Nähe des Ursprungs in einem beliebig kleinen, die ausgezeichnete Richtung umgebenden Sektor, d. h. sie berührt im Ursprung die ausgezeichnete Richtung.

Um die Gestalt der Integralkurven in den, die ausgezeichneten Richtungen umgebenden Bereichen zu finden, mache ich die zu untersuchende ausgezeichnete Richtung zur x-Achse. Ich werde dann zwei Arten von ausgezeichneten Richtungen unterscheiden:

1. Die reguläre ausgezeichnete Richtung (allgemeiner Fall).
2. Die singuläre ausgezeichnete Richtung. Die x-Achse wird dann singuläre ausgezeichnete Richtung genannt, wenn $y = 0$ zugleich die charakteristische Gleichung $G(x, y) = 0$ und $Q_m(x, y) = 0$ befriedigt, wenn also $Q(x, y) = 0$ im Ursprung die x-Achse berührt. Dementsprechend kommen

dann in beliebiger Nähe der ausgezeichneten Richtung und gleichzeitig in beliebiger Nähe des Ursprungs zur ausgezeichneten Richtung senkrechte Feldrichtungen vor. Ist die letzte Bedingung nicht befriedigt, so wird die x-Achse reguläre ausgezeichnete Richtung genannt. Es kann leicht nachgewiesen werden, daß durch Einführung einer neuen y-Achse es nicht möglich ist, eine singuläre Richtung in eine reguläre überzuführen und umgekehrt. Es handelt sich hier also um Merkmale der ausgezeichneten Richtungen, die gegen Koordinatentransformationen invariant sind.

Bei den regulären ausgezeichneten Richtungen will ich wiederum zwei Arten unterscheiden:

a) Die einfache, reguläre ausgezeichnete Richtung, die man als einfache Wurzel der charakteristischen Gleichung erhält.

b) Die mehrfache, reguläre ausgezeichnete Richtung, die man als mehrfache Wurzel der charakteristischen Gleichung erhält.

Diese einzelnen Arten werden im folgenden der Reihe nach behandelt werden.

§ 5.

Die Umgebung einer einfachen, regulären ausgezeichneten Richtung.

Es sei $y = 0$ eine reguläre ausgezeichnete Richtung. Da in diesem Fall $Q(x, y) = 0$ im Ursprung die x-Achse nicht berührt, gibt es einen Bereich OAB

$$-\varepsilon \leq \frac{y}{x} = u \leq \varepsilon; \quad 0 \leq x \leq \delta,$$

in welchem überall mit Ausnahme des Punktes $(0, 0)$ $Q(x, y) \neq 0$ ist. Bildet man außerdem die im § 1 eingeführte Funktion $\psi(u, x)$[9], die die Differenz von Feldrichtung und Richtung der Ursprungsgeraden darstellt, so ist $\psi(0, 0) = 0$, wenn die x-Achse ausgezeichnete Richtung ist. Ist sie aber eine einfache, reguläre ausgezeichnete Richtung, so ist außerdem $\frac{\partial \psi}{\partial u}(0, 0) \neq 0$. Die obigen Größen ε und δ können nun so klein gewählt werden, daß auch im ganzen Bereich OAB $\frac{\partial \psi}{\partial u}(u, x) \neq 0$ ist. Dann ist $\psi(\pm \varepsilon, 0) \neq 0$; also kann δ noch so bestimmt werden, daß $\psi(\pm \varepsilon, x) \neq 0$ ist für $0 \leq x \leq \delta$. Auf den Schenkeln OA und OB stimmt also die Feldrichtung nie mit der Geradenrichtung überein, ebensowenig auf der Strecke AB. Der Bereich OAB kann also höchstens in den Punkten A und B Randsingularitäten enthalten. Es sind nun zwei Fälle zu unterscheiden:

---

[9] In der (x, u)-Ebene lautet die Differentialgleichung: $u'x + u = y'(x, u)$

$$u' = \frac{y'(x, u) - u}{x} = \frac{\psi(x, u)}{x}.$$

1. $\frac{\partial \psi}{\partial u}(0, 0) > 0$.

Dann ist: $\psi(\varepsilon, x) > 0$,
$\psi(-\varepsilon, x) < 0$.

Der Bereich OAB (Fig. 7) ist frei von Randsingularitäten. Trennt man nun die singuläre Stelle O durch eine Gerade $A_1 B_1$ ($x = \delta_1$) vom Bereich OAB ab, so entsteht ein Bereich $A_1 B_1 B A$, der nur reguläre Punkte der Differentialgleichung enthält, und in dem die Integralkurven eindeutige Funktionen von x sind. Nach bekannter Schlußweise kann man also die Integralkurven von einem Punkt des Randes dieses Bereiches durch den Bereich hindurch konstruieren bis zu einem andern Randpunkt. Die Integralkurve durch den Punkt X_1 (mit der Abszisse x_1) des nicht-geschlossenen Streckenzugs $A_1 A B B_1$ kann im betrachteten Bereich nur zu solchen Punkten gelangen, deren Abszissen kleiner sind als x_1; daraus folgt, daß sie den Bereich nur in einem Punkt von $A_1 B_1$ verlassen kann. Denn verließe sie den Bereich in einem Punkt X_2

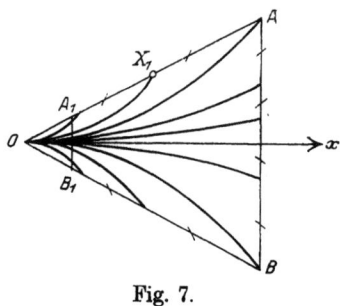

Fig. 7.

mit der Abszisse x_2, der auf dem obigen Streckenzug läge, so wäre sowohl $x_1 > x_2$ als auch $x_2 > x_1$. Also hat die Integralkurve durch X_1 mit der Strecke $A_1 B_1$ noch einen Punkt gemeinsam, so klein auch δ_1 sein mag. Sie mündet also in den Ursprung ein und berührt dort die x-Achse (§ 4).

Ist also $\frac{\partial \psi}{\partial u}(0, 0) > 0$, so mündet jede Integralkurve durch einen Punkt des Randes von OAB mit wagrechter Tangente in die singuläre Stelle ein.

2. $\frac{\partial \psi}{\partial u}(0, 0) < 0$.

Dann ist: $\psi(\varepsilon, x) < 0$,
$\psi(-\varepsilon, x) > 0$.

Der Bereich OAB besitzt in den Punkten A und B Quellpunkte. In diesem Fall gibt es eine und nur eine Integralkurve, die in diesem Bereich in die singuläre Stelle einmündet (Beweis siehe § 2).

Ist $m > n$ und ist die x-Achse reguläre ausgezeichnete Richtung, so ist:

$$\psi(u, 0) = -u.$$

Also: $\frac{\partial \psi}{\partial u}(0, 0) = -1$.

In diesem Falle mündet also längs der x-Achse immer nur eine Integralkurve in die singuläre Stelle ein.

Betrachtet man nun den Winkelraum zwischen zwei aufeinanderfolgenden, einfachen, regulären ausgezeichneten Richtungen, so können je nach der Beschaffenheit der diese Richtungen umgebenden Bereiche drei Fälle eintreten (vgl. § 4):

1. Fall. Längs jeder ausgezeichneten Richtung münden unendlich viele Integralkurven in die singuläre Stelle ein.

Die Integralkurven sind in der Nähe des Ursprungs blattförmig geschlossene Kurven (Fig. 8).

2. Fall. Längs einer ausgezeichneten Richtung münden unendlich viele Integralkurven, längs der anderen nur eine in die singuläre Stelle ein.

Die Integralkurven besitzen eine „Grenzkurve" (Fig. 9).

3. Fall. Längs jeder ausgezeichneten Richtung mündet nur eine Integralkurve in die singuläre Stelle ein.

Die Integralkurven besitzen zwei Grenzkurven (Fig. 10).

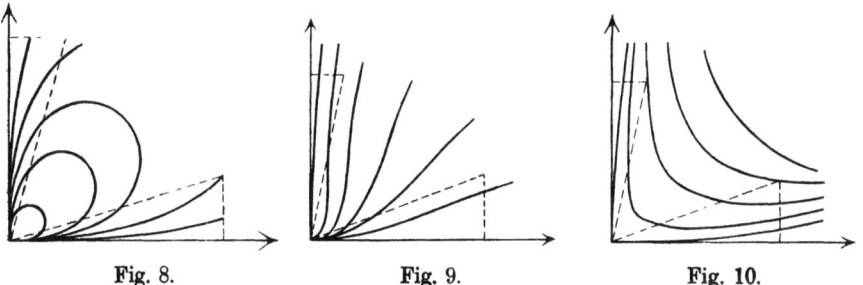

Fig. 8.   Fig. 9.   Fig. 10.

Diese drei Fälle bilden die für alle Überdeckungen charakteristischen Elemente.

Beispiele.

1. $$y' = \frac{ay + \Theta(x,y)}{x + H(x,y)}; \quad a \neq 0 \text{ und } \neq 1.$$

$$\lim_{\substack{x \to 0 \\ y \to 0}} \frac{\Theta(x,y)}{|x|+|y|} = \lim_{\substack{x \to 0 \\ y \to 0}} \frac{H(x,y)}{|x|+|y|} = 0.$$

$$\psi(u, 0) = (a-1)u.$$

$$\frac{\partial \psi}{\partial u}(0, 0) = a - 1.$$

Für die Umgebung der y-Achse tritt an Stelle von a sein reziproker Wert $\frac{1}{a}$.

Ist $a > 0$, so ist entweder $a - 1 > 0$ und $\frac{1}{a} - 1 < 0$, oder umgekehrt (Knoten, 2. Fall).

Ist $a < 0$, so ist sowohl $(a-1) < 0$ als auch $\left(\frac{1}{a}-1\right) < 0$ (Sattel, 3. Fall).

2.
$$y' = \frac{y}{x(x+y)(x-y)(x-2y)}.$$

$$\psi(u, x) = \frac{u}{x^3(1+u)(1-u)(1-2u)} - u.$$

$$\frac{\partial \psi}{\partial u}(0, 0) = +\infty \text{ für } x > 0,$$
$$-\infty \text{ für } x < 0.$$

Längs der y-Achse mündet nach S. 239 nur eine Integralkurve in den Ursprung ein, links von der y-Achse ist die Überdeckung sattelförmig, rechts knotenförmig (2. und 3. Fall).

3.
$$y' = \frac{y(2x-y)(2x+y)}{x(x-2y)(x+2y)};$$

Charakteristische Gleichung: $3xy(x^2 + y^2) = 0$.

$$\psi(u, x) = \frac{u(2-u)(2+u)}{(1-2u)(1+2u)} - u.$$

$$\frac{\partial \psi}{\partial u}(0, 0) = 3 > 0.$$

Vertauscht man x mit y und umgekehrt, so geht die Gleichung in sich selbst über. Also haben die Integralkurven in der Umgebung der y-Achse dieselbe Gestalt wie in der Umgebung der x-Achse.

Die Überdeckung zeigt in jedem Quadranten blattförmig geschlossene Kurven (1. Fall).

§ 6.

Die Umgebung einer mehrfachen, regulären ausgezeichneten Richtung.

Auch in diesem Falle kann ein Bereich OAB konstruiert werden, der höchstens in den Punkten A und B Randsingularitäten besitzt. Man braucht nur ε und δ so klein zu wählen, daß $\psi(u, 0)$ im Intervall $|u| \leq \varepsilon$ nur für $u = 0$ verschwindet, und daß $\psi(\pm \varepsilon, x) \neq 0$ ist für $0 \leq x \leq \delta$. Da aber $\frac{\partial \psi}{\partial u}(0, 0) = 0$ ist, ist es nicht nötig, daß, wenn A_1 bzw. B_1 Quellpunkt ist, auch B_1 bzw. A_1 dieselbe Eigenschaft hat; wir haben also drei Fälle zu unterscheiden:

1. Der Bereich OAB ist frei von Randsingularitäten. Nach S. 239 münden die Integralkurven durch sämtliche Punkte des Randes mit wagrechter Tangente in den Ursprung ein.

242   M. Frommer.

2. Der Bereich OAB hat in A und B je einen Quellpunkt (Fig. 11). Nach S. 231 gibt es mindestens eine Integralkurve OY, die im Bereich OAB in die singuläre Stelle einmündet. Gibt es eine davon verschiedene Integralkurve $O\overline{Y}$, die in den Ursprung einmündet, so münden sämtliche Integralkurven durch die Punkte der Strecke $Y\overline{Y}$ mit wagrechter Tangente in den Ursprung ein. Entweder gibt es also nur eine Integralkurve OY, die in die singuläre Stelle einmündet, oder unendlich viele, die von zwei Grenzkurven OY und $O\overline{Y}$ eingeschlossen werden; eine andere Möglichkeit ist nicht vorhanden. Das Problem der Entscheidung wird später behandelt.

3. Der Bereich OAB hat nur in einem Eckpunkt, z. B. dem Punkt A, einen Quellpunkt (Fig. 12). Die Integralkurve durch einen Punkt $X_1(x_1, \varepsilon x_1)$ verläßt den Bereich in einem Punkt Y_1, dessen Abszisse größer ist als x_1,

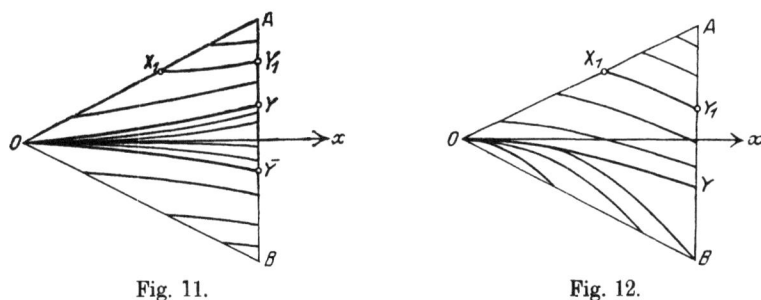

Fig. 11.   Fig. 12.

also notwendigerweise in einem Punkt von AB oder OB. Bewegt sich nun X_1 auf AO von A gegen O, so bewegt sich Y_1 auf ABO von A gegen O. Es können dann zwei Fälle eintreten:

a) $\lim\limits_{x_1 \to 0} Y_1 = 0$; es mündet keine Integralkurve aus OAB in die singuläre Stelle ein.

b) $\lim\limits_{x_1 \to 0} Y_1 = Y \neq 0$; sämtliche Integralkurven durch die Punkte des Randstückes OY, das den Punkt A nicht enthält, münden mit wagrechter Tangente in die singuläre Stelle ein.

Eine andere Möglichkeit gibt es nicht. Die Entscheidung wird in § 8 geliefert.

§ 7.

Die Umgebung einer singulären ausgezeichneten Richtung.

Im vorliegenden Fall berührt $Q(x, y) = 0$ die x-Achse; es ist also $Q_n(x, 0) \equiv 0$. Außerdem ist $G(x, 0) \equiv 0$, also auch $\psi(0, 0) = 0$. Man kann aber eine Zahl ε so bestimmen, daß für $-\varepsilon \leqq u = \frac{y}{x} \leqq \varepsilon$ die Gerade $y = 0$ die einzige Nullstelle der Funktionen $G(x, y)$ und $Q_n(x, y)$ ist. Dann ist auch

$$\psi(\varepsilon, 0) \neq 0 \quad \text{und} \quad \psi(-\varepsilon, 0) \neq 0.$$

Also kann δ so gewählt werden, daß für $0 < x \leq \delta$ die Funktionen $Q(x, \varepsilon x)$ und $Q(x, -\varepsilon x)$, ebenso $\psi(\varepsilon, x)$ und $\psi(-\varepsilon, x)$ nicht verschwinden. Der so definierte Bereich OAB (Fig 13) besitzt demnach auf seinen Schenkeln OA und OB keine Randsingularitäten, und außerdem kommt auf ihnen keine zur y-Achse parallele Feldrichtung vor. Randsingularitäten entstehen höchstens in den Punkten A und B und in den Punkten $Q_1, Q_2, \ldots, Q_n$ der Strecke AB, in denen $Q(x, y)$ verschwindet. Man kann nun annehmen, daß diese Punkte Q_i auf solchen Zweigen von $Q(x, y) = 0$ liegen, die im Ursprung die x-Achse berühren, denn alle anderen Punkte Q_i können durch Verkleinerung von δ zum Wegfall gebracht werden. Nun schneide

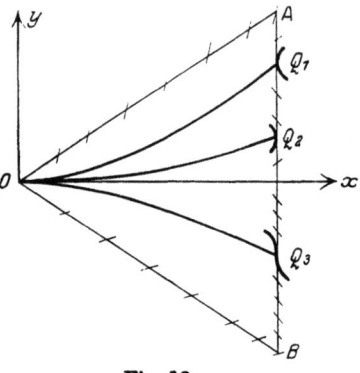

Fig. 13.

man den Bereich OAB längs dieser durch die Punkte Q_i gehenden Kurvenzweige von $Q(x, y) = 0$ auf. Es entsteht dadurch eine endliche Anzahl von Teilbereichen, die nur in den Eckpunkten auf AB Randsingularitäten (und zwar Quellpunkte) besitzen können. Es können demnach folgende drei Fälle eintreten:

1. Ein Teilbereich hat keine Randsingularitäten.
2. Ein Teilbereich hat einen Quellpunkt.
3. Ein Teilbereich hat zwei Quellpunkte.

Da im Innern dieser Teilbereiche $Q(x, y)$ nie verschwindet, sind darin die Integralkurven eindeutige Funktionen von x. Die Überlegungen des vorigen Paragraphen lassen sich also vollständig übertragen. Demnach ist das Problem, die Gestalt der Integralkurven im Bereich OAB zu finden, übergeführt in das Problem, zu entscheiden, ob ein Bereich mit einem oder mit zwei Quellpunkten auf die eine oder die andere, in § 6 dargestellte Art mit Integralkurven überdeckt ist.

§ 8.

Das Entscheidungsproblem.

Um die Gestalt der Integralkurven in einem, die x-Achse als ausgezeichnete Richtung umgebenden Sektor weiter zu untersuchen, werde ich im folgenden diesen Sektor durch krummlinige Grenzen weiter einengen, resp. zerlegen. Die Grenzen dieser Gebiete müssen sich den Integralkurven näher anschmiegen als die Tangente. So werden wir zunächst auf das Problem geführt, die Krümmungsverhältnisse der Integralkurven in einem Sektor zu untersuchen. Liegt eine Integralkurve für kleine x unterhalb jeder Parabel $y = x^\nu$, $\nu < \nu_1$ und oberhalb jeder Parabel $y = x^\nu$, $\nu > \nu_1$, so nennen wir ν_1 die „Krümmungsordnung" dieser Integralkurve. Liegt eine Integralkurve für kleine x unterhalb *jeder* Parabel $y = x^\nu$, so nennen wir ihre Krümmungsordnung Unendlich. Liegt eine Integralkurve von der Krümmungsordnung ν_1 für kleine x unterhalb jeder Parabel $y = u x^{\nu_1}$, $u > u_1$ und oberhalb jeder Parabel $y = u x^{\nu_1}$, $u < u_1$, so nennen wir u_1 ihr „Krümmungsmaß". Liegt sie unterhalb *jeder* Parabel $y = u x^{\nu_1}$, so nennen wir ihr Krümmungsmaß Null; wir nennen es Unendlich, wenn sie oberhalb aller dieser Parabeln liegt. Haben Integralkurven die Krümmungsordnung 1, und berühren sie die x-Achse, so ist ihr Krümmungsmaß notwendigerweise gleich Null (vgl. § 10, 1. Beispiel).

Um nun festzustellen, welche Krümmungsordnungen überhaupt vorkommen können, gehe ich in die Differentialgleichung (2) ein mit dem Ansatz $y = x^{\nu(x)}$. Dadurch erhält man:

$$(9) \qquad \frac{d\nu}{dx} = \nu' = \frac{P(x, x^\nu) - \nu x^{\nu-1} Q(x, x^\nu)}{x^\nu Q(x, x^\nu) \lg x}.$$

Verzichtet man zunächst einmal auf diejenigen Integralkurven der (x, y)-Ebene, deren Krümmungsordnung sehr groß, also größer als eine feste Zahl N ist, so hat man die Differentialgleichung (9) zu untersuchen in einem Bereich

$$1 \leq \nu \leq N; \quad 0 \leq x \leq \delta.$$

Insbesondere soll festgestellt werden, ob es auf der ν-Achse, die sich als Integralkurve ergeben wird, solche Punkte $(0, \nu_i)$ gibt, durch die noch andere Integralkurven hindurchgehen können. Diese Werte ν_i sind dann die möglichen Krümmungsordnungen.

Zu diesen Untersuchungen genügen die ursprünglichen Voraussetzungen über $P(x, y)$ und $Q(x, y)$ nicht. Um nicht zu wenig vorauszusetzen, nehme ich zunächst an, daß P und Q in der Umgebung des Ursprungs in konvergente Potenzreihen entwickelbar sind. Es ist also:

$$P(x, y) = \sum a_{ik} x^i y^k; \qquad P(x, x^\nu) = \sum a_{ik} x^{i+k\nu},$$
$$Q(x, y) = \sum b_{ik} x^i y^k; \qquad Q(x, x^\nu) = \sum b_{ik} x^{i+k\nu}.$$

Unter diesen Voraussetzungen kann man den Quotienten der Differentialgleichung (9) mit einer bestimmten Potenz von x kürzen. Zu diesem Zweck muß festgestellt werden, welcher Exponent der Summen $P(x, x^\nu)$ und $Q(x, x^\nu)$ jeweils der kleinste ist. Diese Exponenten sind von der

Form $i + k\nu$, haben also im Intervall $1 \leq \nu \leq S$ ihren kleinsten Wert bei $\nu = 1$, ihren größten bei $\nu = N$. Nun können für ein bestimmtes ν dieses Intervalls nur diejenigen Exponenten den kleinsten Wert haben, deren Minimum kleiner ist als das Maximum M irgend eines Exponenten; es kommen also nur die in Betracht, für die

$$i + k < M,$$

also nur eine endliche Anzahl (Fig. 14). Das ganze Intervall kann also in endlich viele Teilintervalle geteilt werden, die so beschaffen sind, daß man im Innern eines solchen Intervalls aus der Summe $a_{ik} x^{i+k\nu}$ eine bestimmte Potenz $x^{J_1 + K_1 \nu}$ herausziehen kann. Die Werte ν_i, die diese Einteilung bewirken, werden aus linearen Gleichungen erhalten; diese ν_i sind also rational. Ebenso erhält man für $\sum b_{ik} x^{i+k\nu}$ eine solche Einteilung. Überlagert man diese beiden Einteilungen, so erhält man eine endliche Anzahl rationaler ν_i, die das Intervall $1 \leq \nu \leq N$ in solche Teilintervalle teilen, in denen man aus $\sum a_{ik} x^{i+k\nu}$ eine Potenz $x^{e_1} \equiv x^{J_1 + K_1 \nu}$, aus $\sum b_{ik} x^{i+k\nu}$ eine Potenz $x^{e_2} \equiv x^{J_2 + K_2 \nu}$ herausziehen

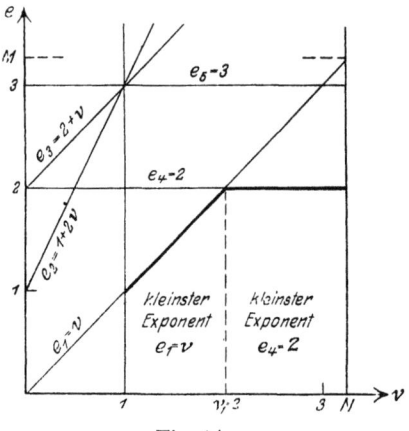

Fig. 14.

kann. Ich werde nun zeigen, daß es im Innern eines solchen Teilintervalls höchstens einen Wert ν geben kann, der Krümmungsordnung von Integralkurven sein könnte. Als überhaupt mögliche Krümmungsordnungen haben wir dann die Menge dieser rationalen Einteilungspunkte und die ebenfalls endliche Menge dieser noch zu bestimmenden inneren Punkte.

Um den eben ausgesprochenen Satz zu beweisen, betrachte ich die Differentialgleichung (9) in einem solchen Teilintervall. Darin ist:

$$P(x, x^\nu) = x^{e_1} \sum a_{ik} x^{i+k\nu - e_1}; \qquad Q(x, x^\nu) = x^{e_2} \sum b_{ik} x^{i+k\nu - e_2}.$$

Also:

(10) $$\nu' = \frac{x^{e_1} \sum a_{ik} x^{i+k\nu - e_1} - \nu x^{e_2 + \nu - 1} \sum b_{ik} x^{i+k\nu - e_2}}{x^{e_2 + \nu} \lg x \sum b_{ik} x^{i+k\nu - e_2}}.$$

Ist $e_1 \leq e_2 + \nu - 1$, so kann dieser Quotient mit x^{e_1} gekürzt werden, andernfalls mit $x^{e_2 + \nu - 1}$. Dadurch erhält man:

$$\nu' = \frac{\mathfrak{Z}(x, \nu)}{x^r \mathfrak{N}(x, \nu) \lg x}; \qquad r \gtreqless 1; \qquad \mathfrak{N}(0, \nu) = b_{J_2 K_2} \neq 0.$$

Ich werde nun zeigen, daß es nur an den Punkten $(0, \nu)$, an denen $\mathfrak{Z}(0, \nu) = 0$ ist, vorkommen kann, daß eine von der ν-Achse verschiedene

Integralkurve Punkte mit derselben gemeinsam hat. Dies ist evident, wenn $r > 1$ ist; denn in diesem Fall ist in allen Punkten, in denen $\mathfrak{Z}(0, \nu) \neq 0$ ist, die Lipschitzsche Bedingung in bezug auf ν als unabhängig Variable befriedigt. Ist dagegen $r = 1$, so strebt die dabei auftretende partielle Ableitung nach x gegen Unendlich wie $\lg x$. Trotzdem geht durch diesen Punkt keine von $x = 0$ verschiedene Integralkurve. Denn um diesen Punkt gibt es einen Bereich (Fig. 15) $|\nu - \nu_0| \leq \varepsilon,\ 0 \leq x \leq \delta < 1$, in dem

$$\nu' > \frac{c}{x\,|\lg x|} = c\,\frac{\frac{1}{x}}{\lg x}.$$

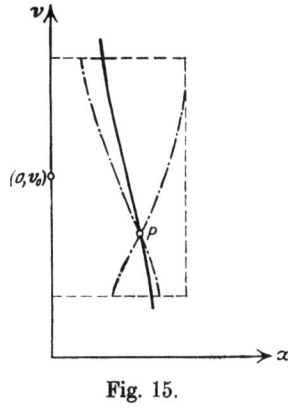

Fig. 15.

Die Integralkurve durch einen Punkt $P(x, \nu)$ dieses Bereiches bleibt also zwischen den Kurven der beiden Scharen

$$\nu = C + c\,\lg|\lg x| \quad \text{und} \quad \nu = C - c\,\lg|\lg x|,$$

die durch den Punkt P gehen, geht also nicht durch den Punkt $(0, \nu_0)$.

Es können also nur in solche Punkte $(0, \nu)$ Integralkurven einmünden, für die $\mathfrak{Z}(0, \nu) = 0$ ist. Nun verschwindet $\mathfrak{Z}(0, \nu)$ nicht identisch (die ν-Achse ist also Integralkurve der Differentialgleichung (10)), denn es ist

für $e_1 < e_2 + \nu - 1$ $\quad \mathfrak{Z}(0, \nu) \equiv a_{J_1 K_1} \neq 0$,

für $e_1 > e_2 + \nu - 1$ $\quad \mathfrak{Z}(0, \nu) \equiv -\nu\, b_{J_2 K_2} \neq 0$ für $1 \leq \nu \leq \Lambda$,

für $e_1 = e_2 + \nu - 1$ $\quad \mathfrak{Z}(0, \nu) \equiv a_{J_1 K_1} - \nu\, b_{J_2 K_2}$,

$$\mathfrak{Z}(0, \nu) = 0 \quad \text{für} \quad \nu = \frac{a_{J_1 K_1}}{b_{J_2 K_2}}.$$

Demnach ist es nur im letzten Falle, wenn also

$$e_1 \equiv J_1 + K_1 \nu = J_2 - 1 + \nu(K_2 + 1) \equiv e_2 + \nu - 1,$$

also $J_1 = J_2 - 1$ und $K_1 = K_2 + 1$ ist, möglich, daß $\mathfrak{Z}(0, \nu)$ eine Nullstelle im Innern des betrachteten Intervalls besitzt. Die so erhaltenen Werte von ν sind rational im Bereich der Koeffizienten von P und Q, während die anderen rational im Bereich der ganzen Zahlen sind. Jedenfalls gibt es auf der ν-Achse nur eine endliche Anzahl von Punkten, in die Integralkurven einmünden können. Dies bedeutet für die (x, y)-Ebene, daß jede Integralkurve, die oberhalb der Parabel $y = x^N$ bzw. unterhalb der Parabel $y = -x^N$ längs der x-Achse in die singuläre Stelle einmündet, eine eindeutig bestimmte Krümmungsordnung hat. Die Anzahl der dabei möglichen Krümmungsordnungen ist endlich

Bis jetzt wurden nur diejenigen Integralkurven berücksichtigt, deren Krümmungsordnung unterhalb einer festen Schranke N bleibt. Es frägt sich nun, wie man eine solche Schranke N bestimmen kann. Da P und Q als teilerfremd vorausgesetzt wurden, enthalten nicht beide zugleich den Faktor y. Zwei Fälle sind zu unterscheiden:

1. $P(x, y) = \sum a_{ik} x^i y^k$ enthalte den Faktor y nicht; dann gibt es in dieser Summe Glieder von der Form $a_{r0} x^r$, und unter diesen ein Glied $a_{\varrho 0} x^\varrho$, dessen Exponent ϱ von allen diesen Exponenten r der kleinste ist. Geht man in (2) ein mit der Transformation $y = u(x) x^{\varrho+1}$, so erhält man, wenn man noch mit x^ϱ kürzt:

$$u' = \frac{a_{\varrho 0} + x R(x, u)}{x Q(x, u x^{\varrho+1})}.$$

Diese Differentialgleichung ist aber in bezug auf u als unabhängige Variable regulär für $x = 0$. Also gibt es in einem Bereich $|u| < \Lambda$ keine Integralkurven, die mit der u-Achse Punkte gemeinsam haben und nicht mit ihr zusammenfallen. Für die (x, y)-Ebene bedeutet dies, daß in einem Bereich $-\Lambda x^{\varrho+1} \leq y \leq \Lambda x^{\varrho+1}$ keine Integralkurven in die singuläre Stelle einmünden. Die obere Schranke N kann also gleich $\varrho + 1$ gesetzt werden.

2. $P(x, y)$ enthalte den Faktor y; dann enthält ihn $Q(x, y) = \sum b_{ik} x^i y^k$ nicht. Also gibt es in dieser Summe ein Glied $b_{\varrho 0} x^\varrho$, wo ϱ wieder die Minimaleigenschaft hat. Geht man nun mit derselben Transformation $y = u x^{\varrho+1}$ in (2) ein, so erhält man:

$$u' = \frac{P(x, u x^{\varrho+1}) - (\varrho+1) u x^\varrho Q(x, u x^{\varrho+1})}{x^{\varrho+1} Q(x, u x^{\varrho+1})}.$$

Nun enthält $Q(x, u x^{\varrho+1})$ den Faktor x^ϱ; also der zweite Bestandteil des Zählers den Faktor $x^{2\varrho}$. Der erste enthalte den Faktor x^l. Es sind nun drei Fälle zu unterscheiden:

a) $l > 2\varrho$; der Bruch kann mit $x^{2\varrho}$ gekürzt werden. Dadurch erhält man:

$$u' = \frac{-(\varrho+1) u (b_{\varrho 0} + x R_1(x, u))}{x (b_{\varrho 0} + x R_2(x, u))}.$$

Nach § 5 ist in der (x, u)-Ebene die x-Achse die einzige Integralkurve dieser Differentialgleichung, die in einem Bereich $|u| \leq \Lambda$ Punkte mit der u-Achse gemein hat, ohne mit ihr zusammenzufallen. In der (x, y)-Ebene ist also die x-Achse die einzige Integralkurve, die aus dem Bereich $-\Lambda x^{\varrho+1} \leq y \leq \Lambda x^{\varrho+1}$ in die singuläre Stelle einmündet. Auch hier kann $N = \varrho + 1$ gesetzt werden.

b) $l < 2\varrho$; da $l = J + K(\varrho+1) < 2\varrho$ ist, ist notwendigerweise $K = 1$ und $J + 1 < \varrho$. Der Bruch kann mit x^l gekürzt werden; dadurch erhält man:

$$u' = \frac{a_{J1} u + u x R_1(x, u)}{x^{2\varrho - l + 1} (b_{\varrho 0} + x R_2(x, u))}.$$

Diese Differentialgleichung kann nach § 5 in einem Bereich $|u| \leq \Lambda$, $0 \leq x \leq \delta$ untersucht werden. Ist $\dfrac{a_{J1}}{b_{\varrho 0}} < 0$, so erhält man topologisch dasselbe Ergebnis wie im Fall a). Ist dieses Verhältnis aber positiv, so münden alle Integralkurven durch den Rand des Bereiches $-\Lambda x^{\varrho+1} \leq y \leq \Lambda x^{\varrho+1}$, $0 < x \leq \delta$ in diesem Bereich in die singuläre Stelle ein. Wendet man anstatt der Transformation $y = u x^{\varrho+1}$ irgendeine andere $y = u x^{\varrho+i}$ $(i > 1)$ an, so findet man, daß diese Integralkurven die Krümmungsordnung Unendlich besitzen, sich also der x-Achse näher anschmiegen als irgendeine Parabel. $\Big($Beispiel: $y' = \dfrac{2y}{x^3}$. Lösungen: $y = c e^{-\frac{1}{x^2}}$.$\Big)$ Setzen wir auch hier $N = \varrho + 1$, so schließen wir nur Integralkurven unendlich hoher Krümmungsordnung aus.

c) $l = 2\varrho$; also $J = \varrho - 1$; $K = 1$. In diesem Fall wende man die Transformation $y = u x^{\varrho+i}$ $(i > 1)$ an. Aus dem zweiten Teil des Zählers kann dann der Faktor $x^{2\varrho+i-1}$ herausgezogen werden, aus dem ersten der Faktor $x^{J+\varrho+i} = x^{2\varrho+i-1}$. Also kann mit diesem Faktor gekürzt werden. Dadurch erhält man:

$$u' = \frac{u(a_{J1} - (\varrho+i) b_{\varrho 0}) + u x R_1(x,u)}{x(b_{\varrho 0} + x R_2(x,u))}.$$

Nun wähle man i so groß, daß der Quotient $\dfrac{a_{J1} - (\varrho+i) b_{\varrho 0}}{b_{\varrho 0}}$ negativ wird; dann treten dem Fall a) analoge Verhältnisse ein. Die Zahl $\varrho + i$ wähle man dann als obere Schranke N.

Jetzt ist diese Schranke N in allen Fällen so bestimmt, daß nur die Integralkurven mit unendlich hoher Krümmungsordnung ausgeschlossen werden. Aus diesen Untersuchungen sehen wir auch zugleich, daß die Anzahl der überhaupt möglichen Krümmungsordnungen endlich ist; denn unterhalb N sind es nur endlich viele und oberhalb N höchstens noch die Ordnung ∞. Wir können nach dem Vorhergehenden auch immer feststellen, ob solche Integralkurven von der Krümmungsordnung Unendlich vorkommen; es handelt sich also im weiteren nur noch um die Integralkurven mit endlicher Krümmungsordnung ν.

Es sei nun ν_1 der Wert einer solchen möglichen Krümmungsordnung. Um das Krümmungsmaß der Integralkurven von der Ordnung ν_1 festzustellen, gehe man in die Differentialgleichung (2) ein mit dem Ansatz: $y = u(x) x^{\nu_1}$. Dadurch erhält man:

(11) $$u' = \frac{P(x, u x^{\nu_1})}{x^{\nu_1} Q(x, u x^{\nu_1})} - \nu_1 \frac{u}{x} = \frac{x^{l_1}(P_1(u) + x^{\lambda_1} R_1(x,u))}{x^{l_2}(P_2(u) + x^{\lambda_2} R_2(x,u))},$$

wobei P_1 und P_2 Polynome in u sind. Es sind nun zwei Fälle zu unterscheiden:

1. $l_1 > l_2 - 1$; die Bedingungen des § 2 (Sondertypus, vgl. Gl. (8)) sind befriedigt. Zu *jedem* Wert u, für den $P_2(u) \neq 0$ ist, gehört eine und nur eine Integralkurve. Da in den in § 6 und § 7 konstruierten Bereichen keine zur y-Achse parallele Feldrichtung vorkommt, ist in den jetzt zu untersuchenden Fällen $P_2(u)$ immer von Null verschieden.

Dieser Fall tritt insbesondere immer dann ein, wenn die Zahl ν_1 nicht aus den Exponenten, sondern aus den Koeffizienten der Differentialgleichung berechnet wurde. Denn nach Seite 245/246 ist dann:

$$P(x, ux^{\nu_1}) = x^{e_1}(a_{J_1 K_1} u^{K_1} + x^{\lambda_1} R_1(x, u)),$$
$$Q(x, ux^{\nu_1}) = x^{e_2}(b_{J_2 K_2} u^{K_2} + x^{\lambda_2} R_2(x, u)).$$

Setzt man diese Werte in (11) ein und beachtet dabei, daß $e_1 = e_2 + \nu_1 - 1$, $\nu_1 = \dfrac{a_{J_1 K_1}}{b_{J_2 K_2}}$ und $K_1 = K_2 + 1$ ist, so erhält man:

$$u' = \frac{x^{e_1}(a_{J_1 K_1} u^{K_1} - \nu_1 b_{J_2 K_2} u^{K_2+1} + x^{\lambda_1} R_1 - x^{\lambda_2} \nu_1 u x^{\nu_1 - 1} R_2)}{x^{e_1+1}(b_{J_2 K_2} u^{K_2} + x^{\lambda_2} R_2)}$$

$$= \frac{x^{\lambda_1} R_1 - x^{\lambda_2} \nu_1 u x^{\nu_1 - 1} R_2}{x(b_{J_2 K_2} u^{K_2} + x^{\lambda_2} R_2)}.$$

Es ist also: $l_2 - 1 = 0$, $l_1 = \lambda_1$ oder $l_1 = \lambda_2 + \nu_1 - 1$. Folglich ist in diesem Falle stets: $l_1 > 0$, und damit $l_1 > l_2 - 1$. Ferner ist $P_2(u) \equiv b_{J_2 K_2} u^{K_2}$, verschwindet also nur für $u = 0$. Wir haben demnach das Ergebnis, daß jedesmal, wenn eine Parabel mit irrationaler Krümmungsordnung ν_1 Schmiegungsparabel einer Integralkurve ist, längs jeder Parabel der Schar $y = px^{\nu_1}$ ($p \neq 0$) eine und nur eine Integralkurve in die singuläre Stelle einmündet. (Gleichzeitig sieht man, was für später wichtig ist, daß für $\varepsilon \leq |u| \leq N$, $0 \leq x \leq \delta$ die partielle Ableitung $\dfrac{\partial u'}{\partial u}$ einer Ungleichung: $\left|\dfrac{\partial u'}{\partial u}\right| \leq \dfrac{M}{x}$ genügt.) (Man vergleiche auch § 10, 8. Beispiel.)

2. $l_1 \leq l_2 - 1$; nur längs der Parabeln $y = u_i x^{\nu_1}$, für deren Koeffizienten u_i das Polynom $P_1(u)$ verschwindet, können Integralkurven in die singuläre Stelle einmünden. Es gibt also nur eine endliche Anzahl solcher Parabeln, die Schmiegungsparabeln von Integralkurven sein können.

Ebenso wie vorhin diejenigen Integralkurven speziell behandelt wurden, deren Krümmungsordnung Unendlich ist, werden nun auch diejenigen speziell untersucht, deren Krümmungsordnung ν_1 zwar endlich, deren Krümmungsmaß u aber Null oder Unendlich ist. Durch die Transformation $y = ux^{\nu_1}$ wird eine Kurve $y = cx^{\nu_2}$ abgebildet in eine Kurve $u = cx^{\nu_2 - \nu_1}$ und umgekehrt. Eine Kurve vom Krümmungsmaß Null und der Krümmungsordnung ν_1 wird demnach abgebildet in eine Kurve, die durch den Punkt $(0, 0)$ geht, sich aber dort näher an die u-Achse anschmiegt als irgendeine Parabel $u = c x^\nu$. Mit Integralkurven dieser Art haben wir uns aber vorhin beschäftigt und haben gefunden, daß es, so oft solche auftreten, einen Bereich $0 \leq x \leq \varLambda u^{\varrho+1}$, $0 \leq u \leq \delta$ gibt, der frei von Randsingularitäten ist. In der (x, y)-Ebene begrenzen also in diesem Fall die Parabeln $y = \delta x^{\nu_1}$ und $y = \left(\dfrac{1}{\varLambda}\right)^{\frac{1}{\varrho+1}} x^{\nu_1 + \frac{1}{\varrho+1}} = c x^{\nu_1 + \varepsilon}$ einen Bereich ohne Randsingularitäten. Um also zu untersuchen, ob Integralkurven vom Krümmungsmaß Null vorkommen, genügt es, festzustellen, ob die Parabel $y = \delta x^{\nu_1}$ mit einer Parabel $y = c x^{\nu_1 + \varepsilon}$ einen Bereich ohne Randsingularitäten bildet (δ und ε hinreichend klein). (Diese Feststellung wird nach unseren Voraussetzungen durch algebraische Methoden erledigt.) (Vgl. § 10, 1. Beispiel.)

Um auf Integralkurven vom Krümmungsmaß Unendlich zu untersuchen, wende man die Transformation $y = \dfrac{1}{u} x^{\nu_1}$ an. Ohne weiteres erhält man als entsprechendes Ergebnis, daß solche Integralkurven nur dann vorkommen, wenn die Parabeln $y = N x^{\nu_1}$ und $y = c x^{\nu_1 - \varepsilon}$ (N hinreichend groß und ε hinreichend klein) einen Bereich ohne Randsingularitäten bilden.

Zusammenfassend haben wir das Ergebnis, daß auch das Krümmungs*maß* der Integralkurven eindeutig bestimmt, und zwar null, endlich oder unendlich ist.

Mit der Bestimmung der Schmiegungsparabel kennt man die Gestalt der Integralkurven in den erledigten Sonderfällen (Sondertypus, Krümmungsordnung Unendlich, Krümmungsmaß Null und Unendlich). Es bleibt eine endliche Anzahl von Parabeln $y = u_1 x^{\nu_1}$ übrig, die Schmiegungsparabeln von Integralkurven sein können und in deren Umgebung wir die Gestalt der Integralkurven noch nicht kennen. Zur weiteren Untersuchung gehe man nun in die ursprüngliche Differentialgleichung ein mit dem Ansatz $y = u_1 x^{\nu_1} + x^{\nu(x)}$, bestimme wiederum die singulären Punkte $(0, \nu_2)$ der ν-Achse und wende dann die Transformation $y = u_1 x^{\nu_1} + u(x) x^{\nu_2}$ an, um die singulären Punkte $(0, u_2)$ der u-Achse zu bestimmen. Dabei können alle, aber auch nur die Fälle wieder eintreten, die bei den einfacheren Transformationen unterschieden wurden. Dieses Verfahren kann fortgesetzt werden, wenn man nicht auf einen der obigen Sonderfälle geführt wird. In diesem Fall kennen wir aber die Gestalt der Integralkurven in der Umgebung der Schmiegungsparabel. Die andern Schmiegungsparabeln können wir auf beliebig viele Glieder genau bestimmen.

Nach diesen Vorbereitungen können wir nun an das eigentliche Entscheidungsproblem herangehen. Es handelt sich dabei darum, die Gestalt der Integralkurven in einem, die x-Achse als ausgezeichnete Richtung umgebenden Sektor, oder einem Teilbereich davon (siehe § 7), zu untersuchen. Zu diesem Zweck stelle man zunächst fest, ob es im Innern dieses Bereiches Parabeln gibt, an die sich Integralkurven anschmiegen können. Außerdem untersuche man, ob es Integralkurven von der Krümmungsordnung Unendlich oder auch vom Krümmungsmaß Null oder Unendlich gibt. Gibt es im Bereich eine unendliche Anzahl solcher Schmiegungsparabeln, so haben wir den Fall des Sondertypus; es münden also in diesem Bereich unendlich viele Integralkurven in die singuläre Stelle ein. Andernfalls haben wir nur eine endliche Anzahl solcher Parabeln. Es sei $\eta = \sum_{i=1}^{n} u_i x^{\nu_i}$ eine davon. Um die Gestalt der Integralkurven in ihrer Umgebung zu finden, wendet man auf die Differentialgleichung (2) die Transformation $y = \sum_{i=1}^{n-1} u_i x^{\nu_i} + u(x) x^{\nu_n}$ an. Die Differentialgleichung der neuen (x, u)-Ebene hat dann im Punkt $(0, u_n)$ eine singuläre Stelle. Da aber die Parabel η im Innern eines Bereiches liegt, in welchem keine zur y-Achse parallele Feldrichtung vorkommt, gibt es einen Bereich $0 < x \leq \delta$; $|u - u_n| \leq \varepsilon$, in welchem der Nenner der neuen Differentialgleichung nicht verschwindet. Diese Parabel η ist also das Analogon einer regulären, ausgezeichneten Richtung (vgl. § 5). Als neue Differentialgleichung erhält man:

$$u' x^{\nu_n} = y' - \sum_{i=1}^{n-1} u_i \nu_i x^{\nu_i - 1} - \nu_n u x^{\nu_n - 1}.$$

Die rechte Seite dieser Differentialgleichung ist aber die Funktion Feldrichtung minus Parabelrichtung, die in Anlehnung an das Vorhergehende mit $\Psi_n(u, x)$ bezeichnet werden soll. Es ist also:

$$u' x^{\nu_n} = \Psi_n(u, x); \quad u' x = \frac{\Psi_n(u, x)}{x^{\nu_n - 1}} = \psi_n(u, x).$$

Nun sind drei Fälle zu unterscheiden:

1. $\frac{\partial \psi_n}{\partial u}(u_n, 0) > 0$; längs dieser Parabel münden unendlich viele Integralkurven in die singuläre Stelle ein (vgl. § 5).

2. $\frac{\partial \psi_n}{\partial u}(u_n, 0) < 0$; nach § 5 gibt es nur eine Integralkurve, die längs dieser Parabel einmündet.

3. $\frac{\partial \psi_n}{\partial u}(u_n, 0) = 0$; diese Parabel ist das Analogon einer mehrfachen, regulären ausgezeichneten Richtung. Deshalb versuche man, die Schmiegungsparabel näher zu bestimmen. Ist dies nicht möglich, weil es kein weiteres ν gibt oder das Krümmungsmaß Null oder Unendlich ist, so kann man nach dem Vorhergehenden die Gestalt der Integralkurven in der Umgebung

dieser Parabel ermitteln. Andernfalls sei $\eta_1 = \eta + u_{n+1} x^{\nu_n+1}$ eine Näherungsparabel höherer Ordnung. Für die Umgebung dieser Parabel haben wir dieselben Fallunterscheidungen zu machen. Es ist nun zu zeigen, daß dieses Verfahren zum Ziele führt, daß man also nach einer endlichen Anzahl von Schritten zu einer Schmiegungsparabel kommen muß, die einer einfachen, regulären ausgezeichneten Richtung entspricht.

Setzt man $y' = f(x, y)$, so ist $\frac{\partial \psi_n}{\partial u}(u, x) = \frac{\partial f}{\partial y} x - \nu_n$. Ist nun $\frac{\partial \psi_n}{\partial u}(u, 0)$ in der Umgebung von $u = u_n$ eine stetige Funktion von u, so ist

$$\lim_{\substack{y=\eta_1 \\ x \to 0}} \frac{\partial f}{\partial y} x = \lim_{\substack{y=\eta \\ x \to 0}} \frac{\partial f}{\partial y} x = \nu_n,$$

denn die Kurven η_1 und η gehören zu demselben Wert u_n. Durch die Transformation $y = \eta + u x^{\nu_n+1}$ erhält man also eine Funktion $\psi_{n+1}(u, x)$, deren Ableitung

$$\frac{\partial \psi_{n+1}}{\partial u}(u_{n+1}, 0) = \nu_n - \nu_{n+1} < 0$$

ist. Längs dieser Parabel mündet also nur eine Integralkurve in den Ursprung ein (§ 5). In diesem Falle führt also schon der zweite Schritt zum Ziel.

Im andern Falle ist $\frac{\partial \psi_n}{\partial u}(u, 0)$ in der Umgebung von $u = u_n$ unstetig. Nun ist

$$\frac{\partial f}{\partial y} x = \frac{(Q P_y - P Q_y) x}{Q^2} = \frac{Z(x, y)}{N(x, y)}.$$

Setzt man $y = \sum_{i=1}^{n-1} u_i x^{\nu_i} + u(x) x^{\nu_n}$, so geht $Z(x, y)$ über in $x^r \mathfrak{Z}(x, u)$, $N(x, y)$ in $x^s \mathfrak{N}(x, u)$. Dabei sind $\mathfrak{Z}(x, u)$ und $\mathfrak{N}(x, u)$ stetige Funktionen der Variablen, die für $x = 0$ nicht identisch verschwinden. Insbesondere ist $\mathfrak{N}(0, u_n) \neq 0$, und s unabhängig von n. Wenn also $\frac{\partial \psi_n}{\partial u}(u, 0)$ bei $u = u_n$ unstetig ist, so muß notwendigerweise $s > r$ und $\mathfrak{Z}(0, u_n) = 0$ sein. Nun ist $\lim_{\substack{y=\eta \\ x \to 0}} \frac{\partial f}{\partial y} x = \nu_n$. Da aber $N(x, u)$ wie x^s verschwindet, muß $Z(x, \eta)$ ebenfalls wie x^s verschwinden. Es ist also $|Z(x, \eta)| < C x^s$. Man bestimme nun in der (x, y)-Ebene diejenigen Gebiete im betrachteten Bereich, für die $|Z(x, y)| < C x^s$ ist. In einem dieser Gebiete muß meine Näherungsparabel η liegen, vorausgesetzt, daß ich in hinreichender Nähe des Ursprungs bleibe. Die Kurven, die dieses Gebiet begrenzen, seien y_1 und y_2. Dann ist $|Z(x, y_1)| = |Z(x, y_2)| = C x^s$. Auf Grund dieser Gleichungen können y_1 und y_2 in allgemeine Potenzreihen entwickelt werden. Dadurch erhält man $y_1 = \sum a_i x^{\varrho_i}$ und $y_2 = \sum b_i x^{\sigma_i}$. Da y_1 und y_2 nicht identisch sein können, können diese Entwicklungen auch nur in endlich vielen Gliedern miteinander übereinstimmen. Man kann also n so groß wählen, daß für $i < n$ $a_i = b_i$ und $\varrho_i = \sigma_i$ ist, während entweder ϱ_n und σ_n oder a_n und b_n voneinander verschieden sind. Da nun η zwischen y_1 und y_2 liegt, ist notwendigerweise $u_i = a_i = b_i$; $\nu_i = \varrho_i = \sigma_i$ für $i < n$. Es sei nun $\varrho_n = \sigma_n$ (Ist $\varrho_n > \sigma_n$ resp. $\sigma_n > \varrho_n$, so setze man $a_n = 0$ resp. $b_n = 0$.) Dann ist $a_n \neq b_n$. Ist nun $\nu_n = \varrho_n$, so liegt u_n zwischen a_n und b_n. Alle Kurven $y = \sum_{i=1}^{n-1} u_i x^{\nu_i} + u x^{\nu_n}$, deren Parameterwert u zwischen a_n und b_n liegt, verlaufen also zwischen y_1 und y_2; für sie ist also $Z(x, y) = x^s \overline{\mathfrak{Z}}(x, u)$. Ist aber $\nu_n > \varrho_n$, so liegen die Nachbarkurven von $\eta = \sum_{i=1}^{n} u_i x^{\nu_i}$ ebenfalls zwischen y_1 und y_2, weil die Differenz $|\eta - y_1|$ oder $|\eta - y_2|$ klein wird wie x^{ϱ_n}, während die Differenz zweier Nachbarkurven klein wird wie x^{ν_n}. Setzt man also $y = \sum_{i=1}^{n-1} u_i x^{\nu_i} + u x^{\nu_n}$, wo n genügend groß ist, so hat $Z(x, y)$ den Faktor x^s. Also wird $\frac{\partial \psi_n}{\partial u}(u, 0)$ in der Umgebung von $u = u_n$ eine stetige Funktion von u. Nach dem Vorhergehenden entspricht dann die Parabel $\eta = \sum_{i=1}^{n+1} u_i x^{\nu_i}$ notwendigerweise einer einfachen, regulären ausgezeichneten Richtung, längs der eine und nur eine Integralkurve in die singuläre Stelle einmündet. Damit ist nachgewiesen, daß man in allen Fällen nach einer endlichen Anzahl von Schritten entweder zum Sondertypus oder zu solchen Schmiegungsparabeln kommt, die einfachen, regulären, ausgezeichneten Richtungen entsprechen.

Damit ist das Entscheidungsproblem gelöst. Die Lösung erfolgt durch die Bestimmung der „Normalbereiche". Darunter verstehen wir Bereiche, die durch Parabeln von der Form $y = \sum u_i x^{\nu_i}$ begrenzt sind, und in denen

a) alle Integralkurven,
b) eine Integralkurve,
c) keine Integralkurven

in die singuläre Stelle einmünden. Durch paarweises Zusammensetzen dieser Normalbereiche erhält man die Brouwerschen Sektoren[5]) als topologisch invariante Grundelemente für das Integralkurvenfeld. Der Bereich c) hat dabei die Eigenschaft, daß er, mit einem andern Bereich zusammengesetzt, dessen Charakter nicht ändert. Besteht die Umgebung der singulären Stelle nur aus Bereichen c), so liegt der „zweite Hauptfall" vor. Wird der Bereich a) mit einem gleichartigen zusammengenommen, so erhält man den „elliptischen Sektor" (Fig. 8); wird er mit b) zusammengenommen, so erhält man den „parabolischen Sektor" (Fig. 9); wird b) mit einem gleichartigen zusammengenommen, so erhält man den „hyperbolischen Sektor" (Fig. 10). Es ist also möglich, die Reihenfolge und Anordnung der topologischen Grundelemente zu bestimmen.

Da es sich bei der praktischen Durchführung nur darum handelt, ob aus einem Bereich endlich oder unendlich viele Integralkurven in die singuläre Stelle einmünden, genügt es also, nach Bereichen ohne Randsingularitäten zu suchen; denn nur in diesem Fall kann es nach obigem vorkommen, daß aus einem Bereich unendlich viele Integralkurven in den Ursprung einmünden. Die Begrenzungen sind Parabeln von der Form $y = \sum u_i x^{\nu_i}$.

Es wurde zunächst vorausgesetzt, daß P und Q Potenzreihen sind, doch brauchte man für das Entscheidungsproblem nur ein endliches Polynom zu berücksichtigen. Die Überlegungen gelten daher für alle Funktionen P und Q, die in der Nähe des Ursprungs durch ein Polynom genügend hohen Grades approximierbar sind.

§ 9.
Quantitative Auswertung der Methode.

Im vorhergehenden Abschnitt wurde gezeigt, daß man mit Hilfe der Methode der Randsingularitäten und der allgemeinen Transformationen jeweils die Gestalt der Integralkurven bestimmen kann. Ich werde nun noch zeigen, daß diese Methoden auch eine analytische Darstellung derselben ermöglichen, wenn man voraussetzt, daß $P(x, y)$ und $Q(x, y)$ konvergente Potenzreihen sind.

Es wurde schon darauf hingewiesen, daß man die Näherungsparabeln auf beliebig viele Glieder genau bestimmen kann, wenn nicht einer der „Sonderfälle" eintritt. Als Sonderfälle wurden bezeichnet:

1. Der Fall des Sondertypus, bei dem, mit Ausnahme einer endlichen Anzahl, jede Parabel der Schar $\eta(x, p) = \sum_{i=1}^{n-1} u_i x^{\nu_i} + p x^n$ Schmiegungsparabel einer und nur einer Integralkurve ist. Es ist ohne weiteres klar, daß man auch hier von jeder Parabel das nächste Glied mit Hilfe der Transformationen

$$y = \sum_{i=1}^{n-1} u_i x^{\nu_i} + c x^{\nu_n} + x^{\nu(x)} \quad \text{und} \quad y = \sum_{i=1}^{n-1} u_i x^{\nu_i} + c x^{\nu_n} + u(x) x^{\nu_{n+1}}$$

bestimmen kann. Dabei ist zu beachten, daß sich die „singulären" Parabeln eventuell auf mehrere Arten fortsetzen lassen. Diese Schmiegungsparabeln lassen sich demnach auch beliebig genau bestimmen.

2. Der Fall der unendlich hohen Krümmungsordnung.

3. Der Fall des Krümmungsmaßes Null oder Unendlich, der aber auf den Fall unendlich hoher Krümmungsordnung zurückgeführt wurde.

Wir haben demnach zwei Typen von Integralkurven zu unterscheiden:

a) solche, deren Schmiegungsparabel $\eta = \sum_{i=1}^{n} u_i x^{\nu_i}$ auf beliebig viele Glieder bestimmt werden kann;

b) solche, die sich an eine Schmiegungsparabel $y = \sum_{i=1}^{n} u_i x^{\nu_i}$ näher anschmiegen als irgendeine Parabel höherer Ordnung.

Betrachtet man nun Integralkurven vom ersten Typus, so wissen wir, daß man nach einer endlichen Anzahl von Schritten zu einer Parabel $\eta_n = \sum_{i=1}^{n} u_i x^{\nu_i}$ kommt, die einer einfachen, regulären, ausgezeichneten Richtung entspricht. Geht man also in die Differentialgleichung $y' = \dfrac{P(x,y)}{Q(x,y)}$ ein mit der Transformation $y = \sum_{i=1}^{n-1} u_i x^{\nu_i} + (u(x) - u_n) x^{\nu_n}$, so gehen P und Q über in Reihen von der Form $\sum f_i(u) x^{\alpha_i}$, wobei die f_i Polynome in u sind und die α_i sich ganzzahlig linear aus den Exponenten $\nu_1, \nu_2, \ldots, \nu_n$ zusammensetzen. Da aber die Parabel η_n einer *regulären* ausgezeichneten Richtung entspricht, wissen wir außerdem, daß in der Reihe $Q(x,y) = x^l \{a_0 + x^{a_1} f_1(u) + \ldots\}$ das erste Glied a_0 eine von Null verschiedene Konstante ist. Es ist demnach möglich, den Ausdruck $\dfrac{1}{a_0 + x^{a_1} f_1(u) + \ldots}$ wiederum in eine Reihe zu entwickeln, in der die Exponenten von x ebenfalls ganzzahlig linear aus $\nu_1, \nu_2, \ldots, \nu_n$ zusammengesetzt und deren Koeffizienten $f(u)$ wiederum Polynome in u sind. Bildet man nun die Funktion $\Psi_n(u, x)$, die die Differenz Feldrichtung minus Richtung der Parabel $y = \sum_{i=1}^{n-1} u_i x^{\nu_i} + (u(x) - u_n) x^{\nu_n}$ darstellt, so erhält man:

$$\Psi_n(u, x) = x^{\alpha_n} f_n(u) + x^{\beta_n} g_n(u) + x^{\gamma_n} h_n(u) + \ldots.$$

Die Differentialgleichung in der (u, x)-Ebene lautet dann

$$u' x^{\nu_n} = \Psi_n(u, x) = x^{\alpha_n} f_n(u) + x^{\beta_n} g_n(u) + x^{\gamma_n} h_n(u) + \ldots$$

oder

(12) $\qquad u' \qquad = x^{\alpha'_n} f_n(u) + x^{\beta'_n} g_n(u) + x^{\gamma'_n} h_n(u) + \ldots$.

wobei auch die Exponenten $\alpha'_n, \beta'_n \ldots$ ganzzahlig linear aus $\nu_1, \nu_2, \ldots, \nu_n$ zusammengesetzt sind. Um ν_{n+1} zu erhalten, geht man in die Differentialgleichung (12) ein mit dem Ansatz $u = v x^d$. Dadurch erhält man:

$$v' x^d + d v x^{d-1} = x^{\alpha'_n} f_n(v x^d) + x^{\beta'_n} g_n(v x^d) + x^{\gamma'_n} h_n(v x^d) + \ldots.$$

Da die Parabel η_n einer *einfachen* regulären ausgezeichneten Richtung entspricht, beginnt $f_n(u)$ mit einem linearen Glied cu. Es ist also:

(13) $\quad v' x^d = - d v x^{d-1} + c v x^{a_n'+d} + x^{a_n'} f_n'(v x^d) + x^{\beta_n'} g_n(v x^d) + \ldots$

Nach § 8 wird nun die Zahl $d = \nu_{n+1} - \nu_n$ entweder aus den Koeffizienten von (13) oder aus den Exponenten bestimmt. Erhält man sie aber aus den Koeffizienten, so wissen wir nach Seite 249, daß jede Parabel $y = \eta_n + c x^{\nu_{n+1}}$ ($c \neq 0$) Schmiegungsparabel einer und nur einer Integralkurve ist.

Nehmen wir nun an, die Parabel η_n sei schon so beschaffen, daß sie die Schmiegungsparabel *nur einer* Integralkurve ist, so wird offenbar die Differenz d aus den in der obigen Differentialgleichung vorkommenden Exponenten berechnet und die Parabel η_{n+1} entspricht wiederum einer einfachen regulären ausgezeichneten Richtung, längs der nur eine Integralkurve in die singuläre Stelle einmündet. Ist dabei η_n nicht selber Lösung der Differentialgleichung, so gibt es in (13) Glieder von der Form $a_i x^{\lambda_{in}'}$, und unter diesen Gliedern ein Glied $a x^{\lambda_n'}$, dessen Exponent λ_n' von allen Exponenten λ_{in}' der kleinste ist. Dann ist nach § 8

$$d = \lambda_n' - \alpha_n', \quad \text{wenn} \quad \alpha_n' < -1,$$
oder $\quad d = \lambda_n' + 1, \quad \text{,,} \quad \alpha_n \geqq -1 \quad \text{ist.}$

Da sich nun λ_n' und α_n' ganzzahlig linear aus $\nu_1, \nu_2, \ldots, \nu_n$ zusammensetzen, können wir dasselbe über d und hiermit auch über ν_{n+1} aussagen. Weil aber die Parabel η_{n+1} dieselben Eigenschaften hat, wie η_n, so folgt hieraus, daß ν_{n+2} ganzzahlig linear aus $\nu_1, \nu_2, \ldots, \nu_{n+1}$ und damit aus $\nu_1, \nu_2, \ldots, \nu_n$ zusammengesetzt ist. Also sind alle Exponenten ν_i der Reihe $\sum_{i=1}^{\infty} u_i x^{\nu_i}$ ganzzahlig linear aus $\nu_1, \nu_2, \ldots, \nu_n$ zusammensetzbar.

Sind nun $\nu_1, \nu_2, \ldots, \nu_n$ rational, so haben die Zahlen $(1, \nu_1 \ldots \nu_n)$ ein größtes gemeinschaftliches Maß ϱ. Alle Exponenten der Reihe $\sum_{i=1}^{\infty} u_i x^{\nu_i}$, wo die ν_i monoton wachsen, sind also ganzzahlige Vielfache von ϱ; mithin ist $\lim_{i \to \infty} \nu_i = \infty$.

Sind aber die Exponenten $\nu_1, \nu_2, \ldots, \nu_n$ nicht alle rational, so kann man annehmen, ν_n sei die erste und damit die einzige irrationale Zahl; denn nach Seite 249 entspricht jede solche Parabel $y = \eta_{n-1} + c x^{\nu_n}$ ($c \neq 0$) einer einfachen regulären ausgezeichneten Richtung, längs der nur eine Integralkurve in die singuläre Stelle einmündet. Also sind nach dem Vorhergehenden alle Exponenten der Reihe $\sum_{i=1}^{\infty} u_i x^{\nu_i}$ ganzzahlig linear durch $\nu_1, \nu_2, \ldots, \nu_n$ darstellbar. Ist also ϱ das größte gemeinschaftliche Maß der Zahlen $(1, \nu_1 \ldots \nu_{n-1})$, so ist $\nu_m = i\varrho + k\nu_n$, wobei i und k ganze Zahlen unabhängig von ν_n sind. Setzt man für ν_n einen rationalen Näherungswert $\bar{\nu}_n$ ein, so erhält man für ν_m den rationalen Näherungswert $\bar{\nu}_m = i\varrho + k\bar{\nu}_n$. Da nun $\lim\limits_{m \to \infty} \bar{\nu}_m = \infty$ ist, ist auch $\lim\limits_{m \to \infty} \nu_m = \infty$.

Bis jetzt wurde vorausgesetzt, daß die Parabel η_n einer einfachen, regulären ausgezeichneten Richtung entspricht, längs der nur eine Integralkurve in die singuläre Stelle einmündet. Schmiegen sich nun an η_n unendlich viele Integralkurven an, so kann η_n Integralkurve sein. In der Gleichung (13) gibt es dann kein Glied von der Form $a x^{\lambda'_n}$; es ist also nicht möglich, die Zahl d aus den Exponenten zu berechnen. Wird sie aber aus den Koeffizienten berechnet, so schmiegt sich an jede Parabel $y = \eta_n + c x^{\nu_{n+1}}$ ($c \neq 0$) eine und nur eine Integralkurve an; dieser Fall ist also auf den vorhergehenden zurückgeführt. Läßt sich aber d auch nicht aus den Koeffizienten berechnen, so schmiegen sich nach § 8 die Integralkurven an die Parabel η_n näher an, als an jede andere Parabel.

Ist aber η_n nicht Integralkurve, so wird ν_{n+1} entweder aus den Exponenten oder aus den Koeffizienten berechnet. Werden alle ν_i aus den Exponenten berechnet, so ist nach der vorhergehenden Überlegung ν_i ein ganzzahliges Vielfaches vom größten gemeinschaftlichen Maß ϱ der Zahlen $(1, \nu_1, \nu_2, \ldots, \nu_n)$. Ist aber ν_m ein Exponent, der aus den Koeffizienten berechnet wird, so ist

$$\text{für } i < m \quad \nu_i = k\varrho \qquad (k \text{ positive ganze Zahl}),$$
$$\text{für } i > m \quad \nu_i = k\varrho + l\nu_m \qquad (k \text{ und } l \text{ ganze Zahlen}).$$

Also ist auch hier $\lim\limits_{i \to \infty} \nu_i = \infty$.

Die bisherigen Ergebnisse können wir folgendermaßen zusammenfassen: Wird die Schmiegungsparabel einer Integralkurve hinreichend weit bestimmt, so erhält man eine Reihe $\sum u_i x^{\nu_i}$. Mit zunehmendem i wachsen dabei die Exponenten ν_i über jede Schranke und alle Exponenten ν_i sind entweder ganzzahlige Vielfache einer rationalen Zahl ϱ oder sind linear darstellbar durch *eine* Irrationalität.

Nun werde ich zeigen, daß, wenn die Reihe $\sum\limits_{i=1}^{\infty} u_i x^{\nu_i}$ konvergiert, die Kurve $\varphi(x) = \sum\limits_{i=1}^{\infty} u_i x^{\nu_i}$ Lösung der Differentialgleichung ist. Aus Gleichung (13) erhält man durch Multiplikation mit x^{ν_n} die Funktion Feldrichtung minus Parabelrichtung:

$$\Psi_{n+1}(v, x) = v' x^{\nu_{n+1}} = -dv x^{\nu_{n+1}-1} + c v x^{a_n+d} + \cdots$$
$$= x^{a_{n+1}} f_{n+1}(v) + x^{\beta_{n+1}} g_{n+1}(v) + \cdots.$$

Daraus ersieht man, daß

$$\alpha_{n+1} = \nu_{n+1} - 1 \quad \text{ist, wenn} \quad \nu_{n+1} - 1 < \alpha_n + d$$

oder

$$\alpha_{n+1} = \alpha_n + d, \quad \text{wenn} \quad \nu_{n+1} - 1 \geq \alpha_n + d \quad \text{ist}.$$

Hieraus folgt nun, daß der niedrigste Exponent α_m ($m > n$) in $\Psi_m(u, x)$ entweder $\nu_m - 1$ oder $\alpha_n + \nu_m - \nu_n$ ist. Also ist $\lim\limits_{m \to \infty} \alpha_m = \infty$.

Für die Feldrichtung längs der Parabel η_m erhält man aus der ursprünglichen Differentialgleichung $y' = f(x, y)$ eine Reihe, die nach den Voraussetzungen innerhalb der Konvergenzkreise von P und Q konvergiert, bis η_m die Kurve $Q(x, y) = 0$ schneidet. Diese Reihe stimmt aber nach dem Vorhergehenden mit η_m' in allen Gliedern überein, deren Exponenten kleiner als α_m sind. Da nun $\lim\limits_{m \to \infty} \alpha_m = \infty$ ist, ist auch $\lim\limits_{m \to \infty} \Psi_m(\eta_m, x) = 0$, folglich:

$$\varphi'(x) = \lim_{m \to \infty} \eta_m' = \lim_{m \to \infty} [f(x, \eta_m) - \Psi_m(\eta_m, x)]$$

$$= f(x, \lim_{m \to \infty} \eta_m) - \lim_{m \to \infty} \Psi(\eta_m, x) = f(x, \lim_{m \to \infty} \eta_m) = f(x, \varphi(x)).$$

Die Integralkurve $\varphi(x)$ wird also in diesem Fall durch eine Reihe $\sum u_i x^{\nu_i}$ dargestellt, die so lange konvergiert, bis $\varphi(x)$ den Konvergenzbereich von P und Q verläßt oder die Kurve $Q(x, y) = 0$ schneidet.

Da wir wissen, daß in allen Fällen $\lim\limits_{i \to \infty} \nu_i = \infty$ ist, so folgt, daß immer, wenn eine Integralkurve $\varphi(x)$ einer analytischen Differentialgleichung $y' = f(x, y)$ von einer Unbestimmtheitsstelle aus in eine Potenzreihe entwickelbar ist, $\varphi(x)$ die Grenzlage der Näherungsparabeln η_m ist und daß die dadurch erhaltene Reihe für $\varphi(x)$ innerhalb des Konvergenzbereiches von P und Q so lange konvergiert, als $\varphi'(x)$ endlich ist.

Wie nun aus einfachen Beispielen hervorgeht, lassen sich aber nicht alle Integralkurven von der singulären Stelle aus in Potenzreihen entwickeln. Ich werde nun zeigen, daß diese Entwicklung nach steigenden Potenzen nur ein Spezialfall einer analytischen Darstellung ist, mit deren Hilfe man alle in die singuläre Stelle einmündenden Integralkurven einer analytischen Differentialgleichung erfassen kann. Es wird sich ergeben, daß man für die Lösungen der Differentialgleichung (12) Reihenentwicklungen angeben kann. Damit ist eine Möglichkeit gegeben, alle Integralkurven darzustellen, mit Ausnahme derjenigen, bei denen das Krümmungsmaß Null oder Unendlich auftritt. Wendet man in diesem Fall die Transformation $y = \sum\limits_{i=1}^{n-1} u_i x^{\nu_i} + u(x) x^{\nu_n}$ bzw. $y = \sum\limits_{i=1}^{n-1} u_i x^{\nu_i} + \dfrac{1}{u(x)} x^{\nu_n}$ an (vgl. S. 249/250), so erhält man für $\dfrac{dx}{du}$ eine Differentialgleichung von der Form (12).

In diesem Fall erhält man die Integralkurve der (x, y)-Ebene in der Parameterform $x = R(u)$, $y = \sum_{i=1}^{n-1} u_i x^{\nu_i} + u x^{\nu_n}$ bzw. $\sum_{i=1}^{n-1} u_i x^{\nu_i} + \frac{1}{u} x^{\nu_n}$.

Zu diesem Zweck nehme ich zunächst an, daß in der Transformationsgleichung $y = u_1 x^{\nu_1} + u_2 x^{\nu_2} + \ldots + (u(x) - u_n) x^{\nu_n}$ alle Exponenten rational seien. Ist dann ϱ das größte gemeinschaftliche Maß der Zahlen $(1, \nu_1, \ldots, \nu_n)$, und setzt man $\bar{x} = x^\varrho$, so erhält man in der Differentialgleichung (12) nur ganzzahlige Exponenten. Schreibt man der Einfachheit halber statt $\bar{x}$ wieder x und statt u wieder y, so lautet diese Differentialgleichung:

$$y' = \frac{f_1(y)}{x^m} + \frac{f_2(x, y)}{x^{m-1}} = f(x, y).$$

Dabei ist $f_1(0) = 0$; $f_1'(0) = c \neq 0$; $m \geq 1$. Ohne Beschränkung der Allgemeinheit kann man annehmen, daß $f_1(y) \equiv cy$ ist; denn ist dies bei Zugrundelegung der Differentialgleichung (12) noch nicht der Fall, so tritt es jedenfalls bei der Differentialgleichung (13) ein. Die zu betrachtende Differentialgleichung hat demnach die Form:

$$(14) \qquad y' = \frac{cy}{x^m} + \frac{f_2(x, y)}{x^{m-1}} = f(x, y).$$

Betrachtet man nun einen Bereich $\mathfrak{B}$: $0 \leq x \leq a$; $|y| \leq b$, in welchem $f_2(x, y)$ regulär ist, so genügt darin die partielle Ableitung $\frac{\partial f_2}{\partial y}$ einer Ungleichung: $\left|\frac{\partial f_2}{\partial y}\right| \leq M$. Also ist in $\mathfrak{B}$: $\frac{c}{x^m} - \frac{M}{x^{m-1}} \leq \frac{\partial f}{\partial y} \leq \frac{c}{x^m} + \frac{M}{x^{m-1}}$. Für die folgende Untersuchung müssen wir a noch durch die Ungleichung $a < \frac{|c|}{2M}$ einschränken.

Um nun eine Integralkurve durch den singulären Punkt zu erhalten, nehme man, wie bei der Methode der sukzessiven Approximation, eine Näherungskurve $\eta_1(x)$, etwa $\eta_1(x) \equiv 0$. Dann wird eine Integralkurve y dargestellt durch $y = \eta_1 + u$; also:

$$\eta_1' + u' = f(x, \eta_1 + u) = f(x, \eta_1) + u \frac{\partial f}{\partial y}(x, \eta_1) + \frac{u^2}{2} \frac{\partial^2 f}{\partial y^2}(x, \eta_1) + \ldots.$$

Um die zweite Näherungskurve η_2 zu erhalten, könnte man den Zusatz u_1 bestimmen aus der Differentialgleichung:

$$\eta_1' + u_1' = f(x, \eta_1) + u_1 \frac{\partial f}{\partial y}(x, \eta_1).$$

Entwickelt man aber $\frac{\partial f}{\partial y}(x, \eta_1)$ nach Potenzen von x und begnügt sich auch hier mit dem ersten Glied, so erhält man zur Bestimmung von u_1 die Differentialgleichung:

(15) $$u_1' = f(x, \eta_1) - \eta_1' + u_1 \frac{c}{x^m}.\ ^{10})$$

Da die erste Näherungskurve im Ursprung die x-Achse berührt, enthält der Ausdruck $\eta_1(x)$ sicher den Faktor x. Nach (14) ist dann für $0 \leq x \leq a$ $|f(x, \eta_1) - \eta_1'| \leq \dfrac{N}{x^{m-1}}$. Man kann demnach die Zahl a so klein wählen, daß sie den obigen Bedingungen genügt, und daß außerdem für $0 \leq x \leq a$ $|f(x, \eta_1) - \eta_1'| < \dfrac{b|c|}{2\,x^m}$ ist.

Betrachtet man nun das Paar von Geraden $|u_1| = \dfrac{b}{2}$, so sieht man aus Gleichung (15), daß auf diesen im Bereich $\mathfrak{B}$ u_1' dasselbe Vorzeichen hat wie $u_1 c$. Nun sind zwei Fälle zu unterscheiden:

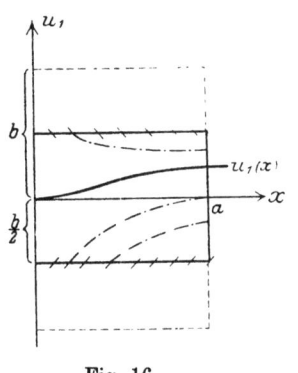
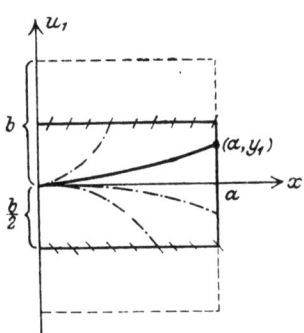

Fig. 16.   Fig. 17.

1. $c < 0$. Der Bereich $|u_1| \leq \dfrac{b}{2}$; $0 \leq x \leq a$ besitzt auf seinem Rand zwei Quellpunkte (Fig. 16). Es gibt nur eine Integralkurve $u_1(x)$, die in den Ursprung einmündet. Die Zusatzfunktion $u_1(x)$ ist demnach eindeutig bestimmt. Für sie gilt in $\mathfrak{B}$ die Abschätzung:
$$|u_1(x)| \leq \frac{b}{2}.$$

2. $c > 0$. Der obige Bereich ist frei von Randsingularitäten (Fig. 17). Alle Integralkurven durch den Rand des Bereiches laufen durch den Ursprung. Es gibt demnach unendlich viele Zusatzfunktionen, die man mit η_1 zusammennehmen kann. Dies stimmt überein mit dem Ergebnis der qualitativen Untersuchung, daß unendlich viele Integralkurven in die singuläre Stelle einmünden, wenn in der Umgebung des Ursprungs $\dfrac{\partial f}{\partial y}$ positiv ist.

---

[10]) Diese Methode hat auch Bendixson zur quantitativen Bestimmung der Integralkurven angewandt.

Um eine Integralkurve eindeutig zu bestimmen, muß eine weitere Randbedingung angegeben werden. Will man z. B. die Integralkurve durch den Punkt (a, y_1) $\left(|y_1| \leq \frac{b}{2}\right)$, so bestimme man u_1 so, daß die Näherungskurve η_2 durch diesen Punkt hindurchgeht. Alle weiteren Zusatzfunktionen werden dann so bestimmt, daß sie für $x = a$ verschwinden. (Hat aber die zu bestimmende Integralkurve mit der Strecke $x = a$, $|y_1| \leq \frac{b}{2}$ keinen Punkt gemeinsam, so kann man durch Verkleinerung von a immer erreichen, daß sie diese Strecke schneidet.)

Ist nun $\eta_1 \equiv 0$, so ist im Bereich $\mathfrak{B}$ $|\eta_2| \leq \frac{b}{2}$. Die zweite Zusatzfunktion $u_2(x)$ erhält man nun aus der Differentialgleichung

(16) $$u_2' = f(x, \eta_2) - \eta_2' + u_2 \frac{c}{x^m}$$

und der Bedingung $u_2(0) = 0$, wenn $c < 0$,

bzw. $u_2(a) = 0$, wenn $c > 0$ ist.

Nun folgt aus Gleichung (15):
$$\eta_2' = \eta_1' + u_1' = f(x, \eta_1) + \frac{u_1 c}{x^m}.$$

Also:
$$f(x, \eta_2) - \eta_2' = f(x, \eta_2) - f(x, \eta_1) - u_1 \frac{c}{x^m}$$
$$= (\eta_2 - \eta_1) \frac{\partial f}{\partial y}(x, \bar{\eta}_1) - u_1 \frac{c}{x^m} = u_1 \left(\frac{\partial f}{\partial y}(x, \bar{\eta}_1) - \frac{c}{x^m} \right)$$
$$|f(x, \eta_2) - \eta_2'| \leq |u_1| \frac{M}{x^{m-1}} \leq \frac{b}{2} \frac{M}{x^{m-1}} \leq \frac{b}{2} \frac{aM}{x^m} < \frac{b|c|}{4 x^m}.$$

Aus Gleichung (16) folgt jetzt, daß für $0 \leq x \leq a$ auf dem Geradenpaar $|u_2| = \frac{b}{4}$ das Vorzeichen von u_2' übereinstimmt mit dem Vorzeichen von $c u_2$. Die Zusatzfunktion $u_2(x)$, die gemäß den obigen Bedingungen bestimmt wird, genügt also der Ungleichung $|u_2(x)| \leq \frac{b}{4}$. Folglich ist

$$|\eta_3(x)| = |\eta_2(x) + u_2(x)| \leq \frac{3b}{4},$$

bleibt also für $0 \leq x \leq a$ im Bereich $\mathfrak{B}$.

Wird das Verfahren fortgesetzt, so findet man, daß $|u_i| \leq \frac{b}{2^i}$ ist. Denn ist dies der Fall für alle $i \leq n$, so ist $|\eta_{n+1}| \leq \frac{(2^n - 1) b}{2^n}$. Die Kurve η_{n+1} verläuft also für $0 \leq x \leq a$ im Bereich $\mathfrak{B}$. Den Zusatz u_{n+1} erhält man aus der Differentialgleichung

$$u_{n+1}' = f(x, \eta_{n+1}) - \eta_{n+1}' + u_{n+1} \frac{c}{x^m}.$$

Nun ist:
$$\eta'_{n+1} = \eta'_n + u'_n = f(x, \eta_n) + u_n \frac{c}{x^m},$$
$$f(x, \eta_{n+1}) - \eta'_{n+1} = f(x, \eta_{n+1}) - f(x, \eta_n) - u_n \frac{c}{x^m}$$
$$= (\eta_{n+1} - \eta_n)\frac{\partial f}{\partial y}(x, \bar{\eta}_n) - u_n \frac{c}{x^m}$$
$$= u_n \left(\frac{\partial f}{\partial y}(x, \bar{\eta}_n) - \frac{c}{x^m}\right).$$

Da nun η_{n+1} und η_n im Bereich $\mathfrak{B}$ verlaufen, verläuft darin auch $\bar{\eta}_n$; also gilt für $\frac{\partial f}{\partial y}(x, \bar{\eta}_n)$ die frühere Abschätzung. Es ist also:
$$|f(x, \eta_{n+1}) - \eta'_{n+1}| \leq |u_n| \frac{M}{x^{m-1}} \leq \frac{b}{2^n} \frac{M}{x^{m-1}} < \frac{b}{2^{n+1}} \frac{c}{x^m}.$$

Also stimmt für $0 \leq x \leq a$ auf dem Geradenpaar $|u_{n+1}| = \frac{b}{2^{n+1}}$ das Vorzeichen von u'_{n+1} überein mit dem Vorzeichen von $c\, u_{n+1}$. Die Zusatzfunktion $u_{n+1}(x)$, die gemäß den vorgeschriebenen Bedingungen bestimmt wird, genügt also der Ungleichung
$$|u_{n+1}(x)| \leq \frac{b}{2^{n+1}}.$$

Daraus folgt, daß für $0 \leq x \leq a$ die Folge $\eta_1, \eta_2, \ldots, \eta_i, \ldots$ absolut und gleichmäßig gegen eine Grenzkurve η konvergiert. Diese Grenzkurve ist notwendigerweise Integralkurve, denn es ist
$$\lim_{i \to \infty} u_i \equiv 0\,;$$
folglich ist für $x > 0$
$$\lim_{i \to \infty}(f(x, \eta_i) - \eta'_i) = 0, \quad \lim_{i \to \infty} f(x, \eta_i) = f(x, \eta) = \eta' = \lim_{i \to \infty} \eta'_i.$$

Außerdem genügt die Funktion $\eta(x)$ nach der Art ihrer Entstehung den vorgeschriebenen Anfangsbedingungen.

Es wird also hier eine Integralkurve einer analytischen Differentialgleichung mit einer Unbestimmtheitsstelle im Ursprung nach Lösungen linearer Differentialgleichungen entwickelt, für die der Ursprung ebenfalls eine Unbestimmtheitsstelle ist, aber weiterhin im allgemeinen auch eine wesentlich singuläre Stelle für einen der Koeffizienten. Das i-te Glied genügt der Differentialgleichung
$$u'_i = f(x, \eta_i) - \eta'_i + u_i \frac{c}{x^m},$$
also ist
$$u_i = e^{\int_1^x \frac{c}{\xi^m} d\xi} \int e^{-\int_1^x \frac{c}{\xi^m} d\xi} [f(x, \eta_i) - \eta'_i]\, dx.$$

Dabei ist bei dem Hauptintegral die obere Grenze x; die untere Grenze ist für alle i gleich Null, wenn $c<0$ ist. Sie ist für alle $i>1$ gleich a, wenn $c>0$ ist; für $i=1$ muß sie so gewählt werden, daß die Kurve η_2 durch **den** Punkt (a, y_1) geht, dessen Integralkurve man bestimmen will. Demnach ist

$$\eta = e^{\int_1^x \frac{c}{\xi^m} d\xi} \int_0^x e^{-\int_1^x \frac{c}{\xi^m} d\xi} \sum (f(x, \eta_i) - \eta_i') dx, \quad \text{wenn } c < 0 \text{ ist,}$$

und

$$\eta = \eta_2 + e^{\int_1^x \frac{c}{\xi^m} d\xi} \int_a^x e^{-\int_1^x \frac{c}{\xi^m} d\xi} \sum (f(x, \eta_i) - \eta_i') dx \quad \text{für } c > 0.$$

Hieraus sieht man ohne weiteres, daß im Spezialfall $m=1$ und $c<0$ alle Näherungskurven η_i und damit auch η durch Potenzreihen darstellbar sind.

Bis jetzt wurde vorausgesetzt, daß die Exponenten $\nu_1, \nu_2, \ldots, \nu_n$ rational seien. Ich werde nun durch die Methode der sukzessiven Approximation nachweisen, daß jede Integralkurve $\varphi(x)$, die sich an eine Näherungsparabel $y = \sum_{i=1}^{n} u_i x^{\nu_i}$ mit irrationalem ν_n anschmiegt, als Reihe nach Potenzen von x^ϱ und x^{ν_n} (ϱ gemeinschaftliches Maß von $1, \nu_1, \ldots, \nu_{n-1}$) darstellbar ist.

Die Existenz dieser Integralkurve ist in § 8 nachgewiesen. Wir wissen ferner, daß man von der zugehörigen Näherungsparabel beliebig viele Glieder bestimmen kann, und daß in ihrer Umgebung für $0 \leq x \leq a$ die partielle Ableitung $\frac{\partial f}{\partial y}$ der Ungleichung $\left|\frac{\partial f}{\partial y}\right| \leq \frac{M}{x}$ genügt. Man kann also eine Näherungsparabel η_0 finden, so daß für $0 \leq x \leq \delta \leq a$

$$|\varphi(x) - \eta_0| \leq x^{2M}$$

ist. Setzt man dann

$$\eta_1' = f(x, \eta_0),$$

so ist

$$\varphi' - \eta_1' = f(x, \varphi) - f(x, \eta_0) = (\varphi - \eta_0)\frac{\partial f}{\partial y}(x, \bar{y}_0),$$

$$|\varphi' - \eta_1'| \leq x^{2M}\frac{M}{x} = M x^{2M-1},$$

$$|\varphi - \eta_1| \leq \frac{x^{2M}}{2}.$$

Daraus folgt
$$|\varphi - \eta_i| \leq \frac{x^2 M}{2^i}.$$
Also
$$\lim_{i \to \infty}(\varphi - \eta_i) = 0,$$
$$\varphi = \lim_{i \to \infty} \eta_i.$$

Wird also bei der Bestimmung der Näherungsparabeln ein Exponent aus den Koeffizienten der ursprünglichen Differentialgleichung berechnet, so sind die entsprechenden Integralkurven in Reihen nach Potenzen von x^ϱ und x^λ (ϱ rational, λ irrational) entwickelbar. Der einfachste Fall dieser Art ist die Differentialgleichung (14) für $m = 1$. Es ist also:

$$(17) \qquad y' = \frac{cy}{x} + f_2(x, y).$$

Ist $c < 0$, so kann die Schmiegungsparabel der die x-Achse berührenden Integralkurve beliebig genau bestimmt werden. Die dabei auftretenden Exponenten sind ganzzahlig. Die vorhergehende Überlegung zeigt, daß im vorliegenden Fall diese Integralkurve als Potenzreihe in x dargestellt werden kann (siehe auch S. 263).

Ist $c > 0$ und nicht ganzzahlig, so können die Näherungsparabeln ebenfalls beliebig genau bestimmt werden. Dabei wird man notwendigerweise zum Sondertypus geführt, bei dem c als Exponent auftritt. In diesem Fall sind also die Integralkurven in Reihen nach Potenzen von x und x^c entwickelbar.

Ist $c > 0$ und ganzzahlig, so ist es *möglich*, daß die Näherungsparabeln beliebig genau bestimmt werden können. Die Integralkurven sind dann als Potenzreihen in x darstellbar $\left(y' = \frac{2y + x^3}{x};\ y = cx^2 + x^3\right)$. Bei der Bestimmung der Näherungsparabeln kann man aber auch auf den Fall unendlichen Krümmungsmaßes geführt werden. In diesem Fall sind die Integralkurven in der Parameterform darzustellen $\left(y' = \frac{2y + x^2}{x};\right.$ $\left. x = c\, e^{\frac{1}{u}},\ y = \frac{1}{u} x^2\right)$.

Aus Beispielen ist ersichtlich, daß es auch im Falle $m > 1$ vorkommen kann, daß einzelne Integralkurven durch Potenzreihen darstellbar sind; dies sind jedoch nur Spezialfälle der in diesem Abschnitt hergeleiteten Darstellungsmöglichkeit.

Daß es vorkommen kann, daß eine nach der Methode von § 8 bestimmte Potenzreihe keine Integralkurve darstellt, zeigt das Beispiel $y' = \frac{y - x^2}{x^2}$. Für alle Integralkurven mit Ausnahme der y-Achse erhält man als n-te Näherungskurve die Parabel $y = \sum_{i=2}^{n}(i-1)!\, x^i$.

Die Voraussetzung, daß $P(x, y)$ und $Q(x, y)$ Potenzreihen sind, wurde nur zur Bestimmung der Exponenten der Potenzreihen gebraucht. Zum Konvergenzbeweis für das hier angegebene Approximationsverfahren genügt es, vorauszusetzen, daß die Funktion $f_2(x, y)$ die Lipschitzsche Bedingung

$$|f_2(x, y_2) - f_2(x, y_1)| \leq (y_2 - y_1) M$$

befriedigt.

§ 10.
Beispiele[11]).

1. Beispiel.

$$y' = \frac{y + \Theta(x, y)}{x + y + H(x, y)};$$

$$\lim_{\substack{x \to 0 \\ y \to 0}} \frac{\Theta(x, y)}{|x|^{r_0} + |y|^{r_0}} = \lim_{\substack{x \to 0 \\ y \to 0}} \frac{H(x, y)}{|x|^{r_0} + |y|^{r_0}} = 0; \quad r_0 > 1.$$

Charakteristische Gleichung $y^2 = 0$; der Bereich OAB $\left(\left|\frac{y}{x}\right| \leq \varepsilon, \ 0 \leq x \leq \delta\right)$ hat im Punkte A einen Quellpunkt.

$$y = x^{\nu(x)}; \quad \nu' = \frac{x^\nu(1-\nu) - \nu x^{2\nu-1} + \overline{\Theta} - \nu x^{\nu-1} H}{x^\nu \lg x \, (x + x^\nu + H)}.$$

Mögliche Krümmungsordnung für $1 \leq \nu \leq r_0$ nur $\nu = 1$. Also

$$y = ux; \quad u' = \frac{-u^2 + \dfrac{\Theta}{x} - \dfrac{uH}{x}}{x + ux + H}.$$

Mögliches Krümmungsmaß: $u = 0$ (wie auch auf Seite 244 für diesen Fall gefolgert wurde).

Nun begrenzen die Geraden $y = -\varepsilon x$, $x = \delta$ und die Parabel $y = -x^{r_0}$ einen Bereich ohne Randsingularitäten. Also gibt es unendlich viele Integralkurven von der Krümmungsordnung 1 und dem Krümmungsmaß Null.

Um die Integralkurven zu erhalten, deren Krümmungsordnung größer als r_0 ist, wende man die Transformation $y = u(x) x^{r_0}$ an. Dadurch erhält man

$$u' = \frac{u(1 - r_0) - r_0 u^2 x^{r_0 - 1} + \dfrac{\Theta}{x^{r_0}} - r_0 u \dfrac{H}{x}}{x + ux^{r_0} + H}.$$

Nach § 5 gibt es nur eine Integralkurve, die im Bereich $|u| \leq 1$ in die **singuläre Stelle** $(0, 0)$ einmündet. Also mündet in der (x, y)-Ebene im

---

[11]) In den folgenden Beispielen beschränken wir uns auf die qualitative Bestimmung der Integralkurven. Ihre analytische Darstellung ist meist kompliziert und unübersichtlich.

Bereich $|y| \leq x^{r_0}$ (Fig. 18) nur eine Integralkurve in den Ursprung ein. Wenn über Θ und H nicht mehr vorausgesetzt wird, kann man nur aussagen, daß die Krümmungsordnung dieser Integralkurve größer als r_0 ist. Sind aber Θ und H Potenzreihen, so läßt sich dieses Integral am Ursprung in eine Potenzreihe nach x entwickeln.

2. Beispiel.
$$y' = \frac{y(y-x^2)(y+x^2)}{-x^6} = \frac{y^3 - x^4 y}{-x^6}.$$

Charakteristische Gleichung $xy^3 = 0$. Die y-Achse ist einfache, reguläre ausgezeichnete Richtung, längs der nur eine Integralkurve in den Ursprung einmündet (§ 5)[12]). Die x-Achse ist dreifache, reguläre ausgezeichnete Richtung. Der Bereich OAB ($x > 0$) hat zwei Quellpunkte (Fig. 19), der Bereich $OA'B'$ ($x < 0$) ist frei von Randsingularitäten.

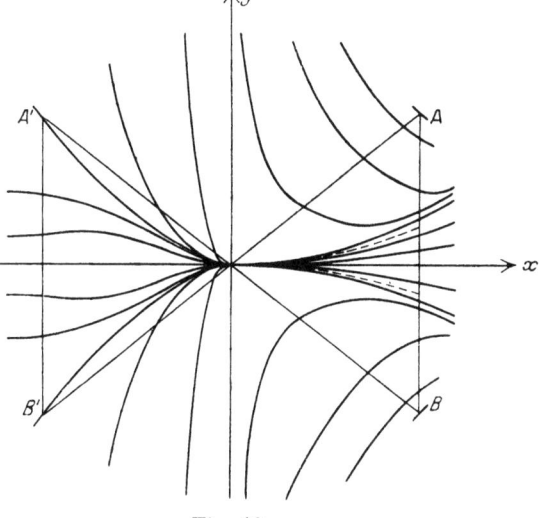

Fig. 18.   Fig. 19.

$$y = x^\nu; \qquad \nu' = \frac{x^{2\nu} - x^4 + \nu x^5}{-x^6 \lg x}.$$

Mögliche Krümmungsordnung $\nu = 2$.
$$y = u(x) x^2; \qquad u' = \frac{u(u^2-1) + 2ux}{-x^2}.$$

Mögliche Krümmungsmaße $u = 0, \pm 1$. Nach § 5 gehen durch den Punkt $(0,0)$ der (x,u)-Ebene unendlich viele Integralkurven, durch die Punkte $(0, \pm 1)$ dagegen außer der u-Achse je nur eine. Also sind die Parabeln $y = \pm x^2$ Schmiegungsparabel je einer Integralkurve, während sich an die x-Achse unendlich viele anschmiegen, deren Krümmungsordnung unendlich ist. Für $x < 0$ schmiegen sich dagegen je unendlich viele Integralkurven an die Parabeln an.

---

[12]) In Fig. 19 und einigen der folgenden Figuren ist versehentlich die y-Achse nicht als Integralkurve eingezeichnet worden.

3. Beispiel.

$$y' = \frac{y^2 + ax^6}{x^4}.$$

Charakteristische Gleichung $xy^2 = 0$. Längs der y-Achse mündet nach § 5 nur eine Integralkurve in die singuläre Stelle ein. Die x-Achse ist zweifache, reguläre ausgezeichnete Richtung, die sowohl für $x > 0$ als auch $x < 0$ von einem Bereich mit einem Quellpunkt umgeben wird. Durch $\xi = -x$, $\eta = -y$ geht die Differentialgleichung in sich über. Die Integralkurven sind demnach zentrisch-symmetrisch. Es genügt also, ihre Gestalt für $x > 0$ zu untersuchen.

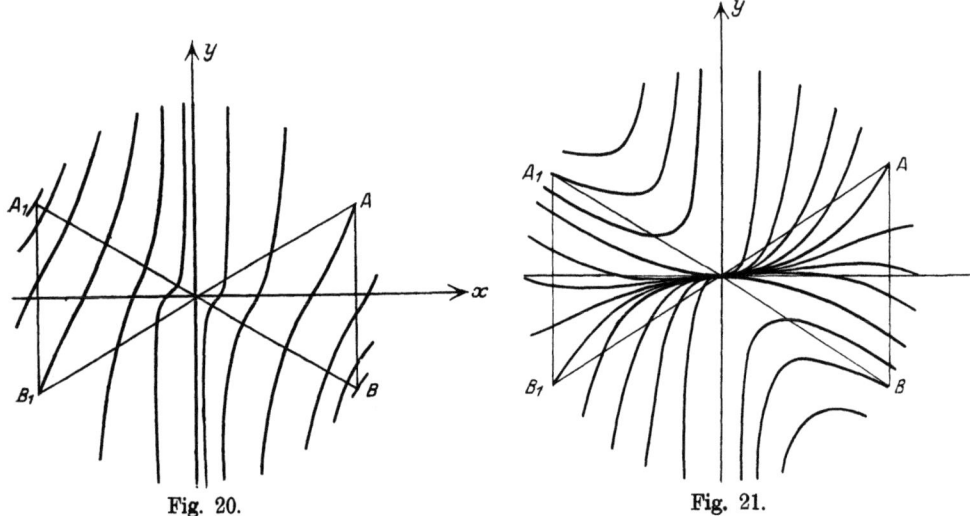

Fig. 20.   Fig. 21.

$$y = x^\nu; \qquad v' = \frac{x^{2\nu} + ax^6 - \nu x^{3+\nu}}{x^{4+\nu} \lg x}.$$

Mögliche Krümmungsordnung $\nu = 3$.

$$y = ux^3; \qquad u' = \frac{u^2 - 3u + a}{x}.$$

Nun sind drei Fälle zu unterscheiden:

    a) $a > \frac{9}{4}$; $u^2 - 3u + a$ ist definit.

Es gibt keine Schmiegungsparabeln, folglich keine Integralkurven, die aus diesen Bereichen in den Ursprung einmünden (Fig. 20).

    b) $a < \frac{9}{4}$; $\psi(u, 0) \equiv u^2 - 3u + a$ hat zwei Nullstellen u_1 und u_2.

Es sei dabei $\frac{\partial \psi}{\partial u}(u_1, 0) > 0$; dann ist $\frac{\partial \psi}{\partial u}(u_2, 0) < 0$. Also schmiegen sich unendlich viele Integralkurven an die Parabel $y = u_1 x^3$ an und nur eine an die Parabel $y = u_2 x^3$ (Fig. 21).

c) $a = \frac{9}{4};\quad u^2 - 3u + \frac{9}{4} = \left(u - \frac{3}{2}\right)^2.$

Die Parabel $y = \frac{3}{2}x^3$ entspricht einer doppelten ausgezeichneten Richtung; also wende man die Transformation $y = \frac{3}{2}x^3 + x^{\nu(x)}$ an; dadurch erhält man

$$\nu' = \frac{(3-\nu) + x^{\nu-3}}{x \lg x}.$$

Mögliche Krümmungsordnung nur $\nu = 3$. Daher

$$y = \left(\frac{3}{2} + u\right)x^3;\quad u' = \frac{u^2}{x};$$

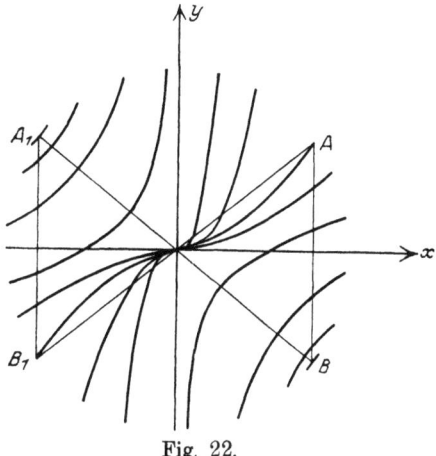

Fig. 22.

mögliches Krümmungsmaß nur $u = 0$. Nun begrenzen die Parabeln $y = \left(\frac{3}{2} + \delta\right)x^3$ und $y = \frac{3}{2}x^3 + x^4$ mit der Geraden $x = \delta_1$ einen Bereich ohne Randsingularitäten. Also gibt es unendlich viele Integralkurven, die sich an die Parabel $y = \frac{3}{2}x^3$ anschmiegen (Fig. 22). (Da diese Parabel selbst Lösung der Differentialgleichung ist, handelt es sich hier um eine integrierbare Riccatische Gleichung.)

4. **Beispiel.**
$$y' = \frac{x^2}{y}.$$

Charakteristische Gleichung $y^2 = 0$. Die x-Achse ist singuläre ausgezeichnete Richtung. Die sie umgebenden Bereiche zerfallen durch $y = 0$ für $x > 0$ in zwei Bereiche mit je zwei Quellpunkten, für $x < 0$ in zwei Bereiche mit je einem Quellpunkt.

$$y = x^\nu;\quad \nu' = \frac{x^2 - \nu x^{2\nu-1}}{x^{2\nu} \lg x}.$$

Mögliche Krümmungsordnung $\nu = \frac{3}{2}$.

$$y = u x^{\frac{3}{2}};\quad u' = \frac{1 - \frac{3}{2}u^2}{ux} \quad (x > 0).$$

Mögliche Krümmungsmaße $u = \pm\sqrt{\frac{2}{3}}.$

Nun ist
$$\frac{\partial \psi}{\partial u}\left(\pm \sqrt{\frac{2}{3}},\, 0\right) = -3;$$

also mündet längs jeder dieser Parabeln eine Integralkurve in die singuläre Stelle ein.

Für $x < 0$ setze man $\xi = -x$; $\eta = y$; dann ist

$$\eta' = -\frac{\xi^2}{\eta};\quad \eta = u\xi^{\frac{3}{2}};\quad u' = \frac{-1 - \frac{3}{2}u^2}{u\xi}.$$

Es gibt also keine Schmiegungsparabeln für $x < 0$, also auch keine Integralkurven, die aus diesem Bereich in die singuläre Stelle einmünden.

5. Beispiel.
$$y' = -\frac{x^3}{y}.$$

Charakteristische Gleichung $y^2 = 0$. Die x-Achse ist singuläre, ausgezeichnete Richtung. Die sie umgebenden Bereiche zerfallen in je zwei Bereiche mit einem Quellpunkt.

$$y = x^\nu;\quad \nu' = \frac{-x^3 - \nu x^{2\nu - 1}}{x^{2\nu} \lg x}.$$

Mögliche Krümmungsordnung $\nu = 2$.

$$y = u x^2;\quad u' = \frac{-1 - 2u^2}{u x}.$$

Da der Zähler definit ist, gibt es für $x > 0$ keine Schmiegungsparabeln; also gibt es auch keine Integralkurven, die für $x > 0$ in den Ursprung einmünden. Für $x < 0$ verhält es sich ebenso, da durch $\xi = -x$, $\eta = y$ die Gleichung in sich übergeht. *Das Beispiel zeigt, daß die Figur des Wirbels oder des Strudels nicht ein charakteristisches Merkmal für den definiten Typus ist, sondern daß sie auch beim nicht-definiten Typus auftreten kann.*

6. Beispiel.
$$y' = \frac{-(y - x^2)(y + x^2)(2y - x^2)(2y + x^2)}{xy} = \frac{-4y^4 + 5y^2 x^4 - x^8}{xy}.$$

Charakteristische Gleichung $xy^2 = 0$. Nach § 5 mündet längs der y-Achse nur eine Integralkurve in die singuläre Stelle ein. Die x-Achse ist singuläre ausgezeichnete Richtung; sie wird umgeben von Bereichen, die durch $y = 0$ in je zwei Teilbereiche mit einem Quellpunkt zerfallen (Fig. 23).

$$y = x^\nu;\quad \nu' = \frac{-4x^{4\nu} + 5x^{4 + 2\nu} - x^8 - \nu x^{2\nu}}{x^{2\nu + 1} \lg x}.$$

Mögliche Krümmungsordnung $\nu = 4$.

$$y = ux^4; \quad u' = \frac{-1 - 4u^2 + 5u^2x^4 - 4u^4x^8}{ux}.$$

Da $(-1 - 4u^2)$ definit ist, gibt es für $x > 0$ keine Schmiegungsparabeln. Für $x < 0$ verhält es ebenso. Also münden längs der x-Achse keine Integralkurven in die singuläre Stelle ein.

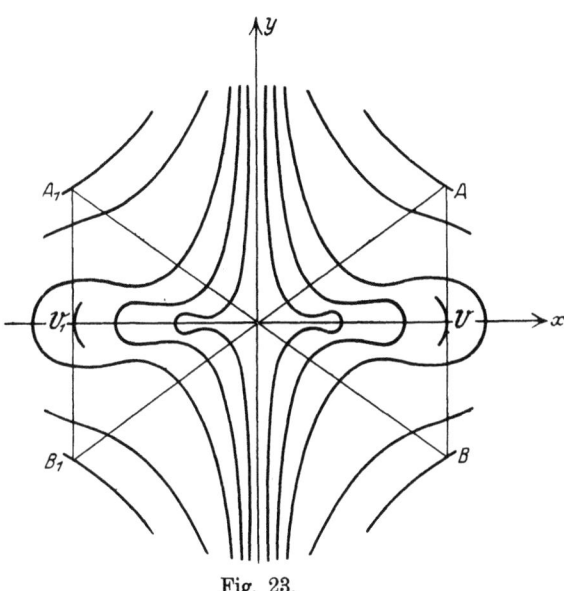

Fig. 23.

7. Beispiel.

$$y' = \frac{(y - x^2 + x^3)(y - x^2 - x^3)}{(y - x^2)(y - x^2 + 2x^3)(y - x^2 - 2x^3)} = \frac{y^2 - 2x^2y + x^4 - x^6}{y^3 - 3x^2y^2 + 3x^4y - x^6 - 4x^6y + 4x^8}.$$

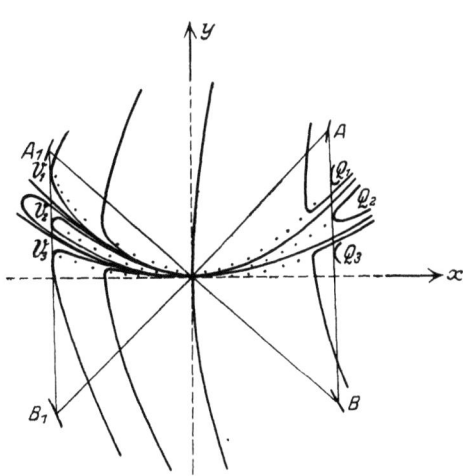

Fig. 24.

Charakteristische Gleichung $xy^2 = 0$. Längs der y-Achse mündet nach § 5 nur eine Integralkurve in die singuläre Stelle ein. Die x-Achse ist singuläre ausgezeichnete Richtung. Die sie umgebenden Bereiche zerfallen für $x > 0$ in zwei Bereiche mit je zwei Quellpunkten und zwei Bereiche mit je einem Quellpunkt; für $x < 0$ in zwei Bereiche ohne Randsingularitäten und zwei Bereiche mit je einem Quellpunkt (Fig. 24).

$$y = x^\nu; \quad \nu' = \frac{\sum a_{lk} x^{i+k\nu}}{\lg x \sum b_{lk} x^{i+k\nu}}.$$

Im Zähler kommen als Exponenten, die am kleinsten werden können, nur in Betracht die Exponenten 2ν, $2+\nu$ und 4. Sie sind einander gleich für $\nu = 2$; also ist $\nu = 2$ die einzige mögliche Krümmungsordnung.

$$y = ux^2; \quad u' = \frac{u^2 - 2u + 1 + x R_1(x, u)}{x^4(u^3 - 3u^2 + 3u - 1) - x^6(4u - 4)}.$$

Mögliches Krümmungsmaß also nur $u = 1$. Nun entspricht aber die Parabel $y = x^2$ noch einer singulären ausgezeichneten Richtung. Also wende man die nächst höhere Transformation an:

$$y = x^2 + x^\nu; \quad \nu' = \frac{(x^\nu + x^3)(x^\nu - x^3)}{x^{2\nu}(x^\nu + 2x^3)(x^\nu - 2x^3) \lg x} - \frac{2x + \nu x^{\nu-1}}{x^\nu \lg x}.$$

Mögliche Krümmungsordnung $\nu = 3$.

$$y = x^2 + ux^3; \quad u' = \frac{(u+1)(u-1)}{ux^6(u+2)(u-2)} - \frac{2 + 3ux}{x^2}.$$

Mögliches Krümmungsmaß $u = \pm 1$. Als Näherungsparabeln erhält man also $y_1 = x^2 + x^3$ und $y_2 = x^2 - x^3$. Diese Parabeln entsprechen einfachen, regulären ausgezeichneten Richtungen. Nach § 5 mündet für $x > 0$ längs jeder Parabel eine Integralkurve in die singuläre Stelle ein, dagegen für $x < 0$ längs jeder Parabel unendlich viele.

8. **Beispiel.**

$$y' = \frac{\sqrt{2} y^2 + x^5}{xy}.$$

Charakteristische Gleichung $(\sqrt{2} - 1) x y^2 = 0$. Längs der y-Achse mündet nach § 5 nur eine Integralkurve in die singuläre Stelle ein. Die x-Achse ist singuläre ausgezeichnete Richtung. Die sie umgebenden Bereiche zerfallen für $x > 0$ in zwei Bereiche mit je einem Quellpunkt, für $x < 0$ in zwei Bereiche ohne Randsingularitäten (Fig. 25).

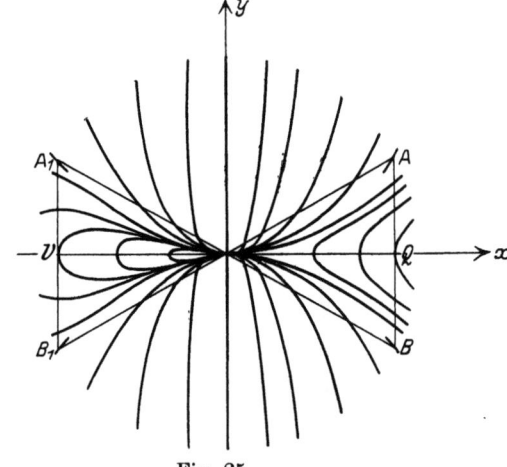

Fig. 25.

$$y = x^\nu; \quad \nu' = \frac{(\sqrt{2} - \nu) x^{2\nu} + x^5}{x^{2\nu+1} \lg x}.$$

Mögliche Krümmungsordnungen $\nu = \frac{5}{2}$ und $\nu = \sqrt{2}$, weil $1 < \sqrt{2} < \frac{5}{2}$ ist.

272   M. Frommer. Unbestimmtheitsstellen von Differentialgleichungen.

$$y = u x^{\frac{5}{2}}; \quad u' = \frac{\left(\sqrt{2} - \frac{5}{2}\right) u^2 + 1}{u x}.$$

Daher Krümmungsmaß

$$u = \pm \frac{1}{\sqrt{\frac{5}{2} - \sqrt{2}}};$$

da aber die Parabeln

$$y = \pm \frac{1}{\sqrt{\frac{5}{2} - \sqrt{2}}} x^{\frac{5}{2}}$$

selbst Integralkurven sind, sind es nach § 5 die einzigen Integralkurven von der Krümmungsordnung $\frac{5}{2}$.

$$y = u x^{\sqrt{2}}; \quad u' = \frac{x^5}{u x^{2\sqrt{2}+1}} = \frac{x^{(4-2\sqrt{2})}}{u}.$$

Diese Differentialgleichung ist in jedem Punkt $(0, u \neq 0)$ regulär. Also gehört zu jedem u eine Integralkurve. Es gibt also Integralkurven von der Krümmungsordnung $\sqrt{2}$, und zwar so, daß zu jedem von Null verschiedenen Krümmungsmaß u eine und nur eine Kurve gehört (vgl. S. 249). In diesem Fall sind sämtliche Integrale am Nullpunkt in Potenzreihen entwickelbar.

(Eingegangen am 19. 12. 26.)

99. Band. Inhalt: 1/2. Heft.

Seite

Brandt, H., Idealtheorie in Quaternionenalgebren 1
Suschkewitsch, A., Über die endlichen Gruppen ohne das Gesetz der eindeutigen
    Umkehrbarkeit 30
Krull, W., Zur Theorie der allgemeinen Zahlringe 51
Furtwängler, Ph., Über die simultane Approximation von Irrationalzahlen. Zweite
    Mitteilung 71
Ore, Ö., Newtonsche Polygone in der Theorie der algebraischen Körper 84
Ackermann, W., Zum Hilbertschen Aufbau der reellen Zahlen 118
v. Neumann, J., Ein System algebraisch unabhängiger Zahlen 134
Szegö, G., Über Funktionen mit positivem Realteil 142
Hoheisel, G., Eine Illustration zur Riemannschen Vermutung 150
Geppert, H., Zur Theorie des arithmetisch-geometrischen Mittels 162
Tietze, H., Über den Bereich absoluter Konvergenz von Potenzreihen mehrerer
    Veränderlichen. (Aus einem Schreiben an Herrn F. Hartogs) 181
Tonelli, L., Su un problema di Abel 183
Friedrichs, K., und H. Lewy, Das Anfangswertproblem einer beliebigen nicht-
    linearen hyperbolischen Differentialgleichung beliebiger Ordnung in zwei
    Variablen. Existenz, Eindeutigkeit und Abhängigkeitsbereich der Lösung . 200
Frommer, M., Die Integralkurven einer gewöhnlichen Differentialgleichung erster
    Ordnung in der Umgebung rationaler Unbestimmtheitsstellen 222
Cohn-Vossen, St., Die parabolische Kurve. Beitrag zur Geometrie der Berüh-
    rungstransformationen, der partiellen Differentialgleichungen zweiter Ordnung
    und der Flächenverbiegung 273
Kolmogoroff, A., Über die Summen durch den Zufall bestimmter unabhängiger
    Größen 309
Berichtigung von Brinkmeier 320

Springer-Verlag Berlin Heidelberg GmbH

Soeben erschien die dritte Auflage von

Fluorescenz und Phosphorescenz
im Lichte der neueren Atomtheorie

Von

Professor Dr. Peter Pringsheim
Berlin

Mit 87 Abbildungen. VII, 357 Seiten. 1928. RM 24.—; gebunden RM 25.20

Bildet Band VI der Sammlung

Struktur der Materie in Einzeldarstellungen

Der Umfang der dritten Auflage dieser Monographie ist trotz allen Strebens nach Knappheit nicht unbeträchtlich gewachsen; die meisten Kapitel, insbesondere die über Fluorescenz der Gase und über Kristallphosphore, konnten nicht nur durch Ergänzungen vervollständigt, sondern mußten ganz neu bearbeitet werden. Dabei ist überall nach größter Vollständigkeit in der Beschreibung der experimentellen Ergebnisse gestrebt, doch war es nicht zu vermeiden, auch die theoretischen Deutungen stärker zu betonen, was um so wünschenswerter schien, als das Buch jetzt in die Sammlung „Struktur der Materie" eingereiht worden ist. Sehr stark wurde auch die Zahl der Abbildungen vermehrt, wodurch an vielen Stellen das Verständnis erleichtert wird.

Springer-Verlag Berlin Heidelberg GmbH

Felix Klein
Gesammelte mathematische Abhandlungen

in 3 Bänden:

Band I:

Liniengeometrie — Grundlegung der Geometrie — Zum Erlanger Programm. Herausgegeben von R. Fricke und A. Ostrowski. (Von F. Klein mit ergänzenden Zusätzen versehen.) Mit einem Bildnis. XII, 612 Seiten. 1921. Neudruck 1925.   RM 30.—

Band II:

Anschauliche Geometrie, Substitutionsgruppen und Gleichungstheorie. Zur mathematischen Physik. Herausgegeben von R. Fricke und H. Vermeil. (Von F. Klein mit ergänzenden Zusätzen versehen.) Mit 185 Textfiguren. VI, 714 Seiten. 1922. Neudruck 1925.
RM 33.—

Band III:

Elliptische Funktionen, insbesondere Modulfunktionen, hyperelliptische und Abelsche Funktionen, Riemannsche Funktionentheorie und automorphe Funktionen. Anhang: **Verschiedene Verzeichnisse.** Herausgegeben von R. Fricke, H. Vermeil u. E. Bessel-Hagen. (Von F. Klein mit ergänzenden Zusätzen versehen.) Mit 138 Textfiguren. IX, 774 Seiten und 36 Anhangseiten. 1923. RM 30.—

MIX
Papier aus verantwortungsvollen Quellen
Paper from responsible sources
FSC® C105338

If you have any concerns about our products,
you can contact us on
ProductSafety@springernature.com

In case Publisher is established outside the EU,
the EU authorized representative is:
**Springer Nature Customer Service Center GmbH
Europaplatz 3, 69115 Heidelberg, Germany**

Printed by Libri Plureos GmbH
in Hamburg, Germany